U0163584

GeoScene 地理信息平台

架构·技术·应用

易智瑞信息技术有限公司 编著

科学出版社

北 京

内 容 简 介

GeoScene是由易智瑞信息技术有限公司研发的国产GIS平台软件，它全面整合了GIS与大数据、云计算、人工智能、深度学习、物联网等主流技术，代表了当今GIS最先进的技术水平。本书从产品体系、核心技术能力以及应用实践三个方面展开，系统、全面地介绍了GeoScene地理信息平台。

本书可为大专院校、科研单位相关专业的教师和学生以及企事业单位的GIS从业者了解和使用GeoScene地理信息平台，并结合地理信息进行项目的设计实施提供指导。

图书在版编目(CIP)数据

GeoScene地理信息平台：架构·技术·应用/易智瑞信息技术有限公司编著. —北京：科学出版社，2022.6
ISBN 978-7-03-072375-8

Ⅰ.①G… Ⅱ.①易… Ⅲ.①地理信息系统 Ⅳ.①P208.2

中国版本图书馆CIP数据核字（2022）第087530号

责任编辑：杨帅英 程雷星 / 责任校对：胡小洁
责任印制：肖 兴 / 封面设计：蓝正设计

科 学 出 版 社 出版

北京东黄城根北街16号
邮政编码：100717
http://www.sciencep.com

北京汇瑞嘉合文化发展有限公司 印刷

科学出版社发行 各地新华书店经销

*

2022年6月第 一 版 开本：787×1092 1/16
2022年6月第一次印刷 印张：13 3/4
字数：326 000

定价：89.00元

（如有印装质量问题，我社负责调换）

本书编写组

主　编

蔡晓兵　沙志友　陈　非

副主编

伏伟伟　朱　政　张　聆

参　编

徐　珂　石　羽　陈星晨　卢　萌　徐汝坤

刘春影　许丹石　刘立峰　勾戈雪黎　马静丽

谢　喆　覃　松　杨　钊

序

　　国际地理信息系统 (GIS) 研究与应用启蒙于 20 世纪 60 年代,在信息技术 (特别是计算机技术)、应用需求和学术探索等三种力量的共同驱动下,经历了早期 60 年代的大型计算机、80 年代的个人计算机、90 年代的互联网、21 世纪初的万维网和正在开启的云时代等五个发展阶段,形成了当今地理信息科学、地理信息技术和地理信息应用与服务的综合体系,成为世界高技术领域的重要组成之一。我国地理信息科学与技术经过 40 多年的发展,呈现出全时空信息实时获取、智能化处理、网络化服务、社会化应用的新特点,学术界和工业界表现活跃,总体处于国际先进行列。当前,GIS 已成为整个信息社会的空间基础设施,与智慧城市、资源环境、交通运输、商业金融等深度融合,在国民经济社会发展和国防安全保障等方面起到不可替代的作用。

　　当今世界正迎来新一轮的科技革命,经历百年未有之大变局,万物互联与数字孪生、大数据与人工智能等新技术不断涌现,地理时空大数据成为大国战略数据资源,地理信息技术成为大国战略必争的高技术领域,也是美国等西方发达国家限制出口的技术方向。大数据、人工智能与知识驱动的 GIS 呼之欲出,地球信息科学悄然而起,世界地理信息科学与技术的发展迎来了新的战略机遇。

　　作为地理信息技术领域核心之一的 GIS 软件,以 ArcGIS 为代表的传统专业软件趋于成熟,以 Google Earth Engine 为代表的新一代平台正在崛起,并主导着当今 GIS 技术与软件的发展;中国自主可控的软件发展迅速,由基础平台软件和行业应用软件构成的国产地理信息系统软件占市场整体份额超过 70%,并开拓了日本、东欧、南非等国际市场。

　　作为我国地理信息系统商业化应用的最早企业之一,易智瑞信息技术有限公司 (简称易智瑞公司) 在 2019 年正式启动了国产软件研发工作。鉴于与美国环境系统研究所（ESRI）公司的长期商业合作，易智瑞公司同 ESRI 公司进行了长达 1 年之久的知识产权引进工作，并达成协议，由 ESRI 公司向易智瑞公司转移 ArcGIS 最新的软件内核的知识产权，并且由易智瑞公司在 ArcGIS 内核技术基础上研发全新 GeoScene 软件。这一高起点奠定了 GeoScene 发展的坚实基础，使其成为国产 GIS 大家庭中一员新将。

　　GeoScene 软件以云计算为架构并融合各类最新 IT 技术，具有强大的地图制作、空间数据管理、大数据与人工智能挖掘分析、空间信息可视化以及整合、发布与共享的能力。作为高起点的 GIS 软件新秀，GeoScene 具有全方位的 GIS 功能，涵盖了从 GIS 的数据采集管理、分析挖掘、可视化到共享应用等整个 GIS 业务的完整链条。同时，GeoScene 软件也在国内用户比较关心的三维、大数据、人工智能、物联网等方面做出了更多的努力，为满足国内用户的特定需求，提供了更加丰富和强大的功能和平台支撑。

　　今天，全球政治、经济和军事格局正在发生巨变，中华民族的伟大复兴事业正在前行，每一位中华儿女都应该加倍努力，奋发图强。祝愿易智瑞公司的 GeoScene 软件百尺竿头更上一层楼！

周成虎　中国科学院院士

2022 年 4 月 10 日于北京中国科学院奥运园区

前　言

　　GeoScene，由易智瑞公司研发出品，是一个与国际最先进理念和技术同步、高起点的国产 GIS 平台软件。其体系架构、系统功能代表了当今 GIS 平台软件先进与强大的水准。同时，它又体现和融入了大量源自国际国内最新的应用需求驱动下产生的新理念、新方法。其发展和演进更代表着现代 GIS 发展的方向和趋势，值得从事 GIS 科研、教学和应用实践的专业人士和爱好者学习使用、查阅参考和跟踪研究。本书力求向读者系统、全面地介绍 GeoScene 及其应用。

　　在作者着手组织编撰本书之初，曾给编撰工作取了一个非常令人兴奋的称谓——GeoScene 第一书。如果把编撰本书看成是一项工程的话，"GeoScene 第一书"则可以视为此项工程的内部代号。通常，我们在公司内部立项开发一个软件，或是为了寻求一个特定问题的解决方案而组织一项工程实施时，都会给它取一个内部使用的代号，以便实施过程的控制和管理。代号，会让参与工程的成员产生身处特殊重要事件的自我身份认同和自豪感。当然，有时代号也是为了对外起到一定的保密作用。工程的代号往往会以某个隐喻，将参与此项工程的群体对其所寄托的某种愿景和期待赋予其中。"GeoScene 第一书"这个代号非常直截了当地表达了本书与 GeoScene 的关系——一旦正式出版，它的确就是市场上关于 GeoScene 的第一本正式出版物。没错，就是关于 GeoScene 的第一本书。这"第一书"的头衔，也直白地说明了本书编写的一个重要背景，就是我们需要积极组织力量来较为系统、全面地介绍 GeoScene，从而实现一项零的突破。

　　我们希望本书为读者学习和研究 GeoScene 平台软件的设计思想、体系架构、系统功能以及工程应用等提供相对完整、系统的参考。

　　本书的核心内容虽然是介绍 GeoScene 平台软件，但绝非对GeoScene 软件功能进行罗列并举例说明的使用手册或操作手册。我们介绍 GeoScene，首先希望读者了解 GeoScene 的设计思想和理念。GeoScene 是软件，自然有其工具属性，但它绝不只是一个由若干功能堆砌而成的软件工具而已。我们应该了解它设计的初衷或出发点，了解它的设计思想、架构特征和特点特色，了解它与各种热点技术（如大数据、云计算、人工智能、物联网、边缘计算等）的结合点，以及这种结合之下如何使得 GIS 的能力增强、拓展和提升。仅通过简单、孤立地了解其功能是不能明白其精髓和要义所在的。

在介绍 GeoScene 具体的功能模块时，本书会对这些功能设计的原因、需要解决的问题、可以利用的最新技术，以及解决问题所带来的价值等，进行简明扼要的阐述，以帮助读者知其然的同时，也能知其所以然，而不至于一下子踏入具体、繁杂的功能和操作之林，迷失其间而不得要领。

本书由 6 章构成。

第 1 章　快速了解 GeoScene。本章简明扼要地介绍 GeoScene 的平台定位、架构、组成和特色。通过本章内容，读者可以对 GeoScene 的大致轮廓有所了解，对 GeoScene 建立起初步的认知。

第 2 章　桌面产品 GeoScene Pro。介绍 GeoScene 的重要组成部分——桌面产品 GeoScene Pro。GeoScene Pro 是 GeoScene 的使用者在进行空间数据管理、制图与可视化、数据编辑处理、数据质量检查、空间分析以及地图服务生成和分享等日常工作过程中，使用最为频繁、功能最为强大的工具环境。GeoScene Pro 所提供的功能，是 GIS 专业人士从事专业工作必不可少的利器。犹如后厨的刀叉炉灶、锅碗瓢盆，是大厨烹制各色美食大餐和小点的必备工具。

第 3 章　服务器产品 GeoScene Enterprise。GeoScene Enterprise 是新一代的 GIS 服务器产品，它为用户提供在自有环境中打造地理信息云平台，以 Web 为中心进行空间数据管理、分析、制图可视化与共享协作的功能。本章就 GeoScene Enterprise 的基本架构、组成、功能，以及许可授权等内容展开介绍。GeoScene Enterprise 以 Web 为中心的机制，使得组织机构中各个岗位不同的角色可以在任何时间、任何地点，通过任何设备获得地理信息、分享地理信息；用户也可以在私有云环境中进行在线数据处理与编辑、制图可视化、空间分析、矢量/栅格大数据分析，以及时态数据的持续接入、处理、可视化和分析。GeoScene Enterprise 的架构支撑，让 GIS 跳出只为传统意义上的 GIS 技术专家提供服务的固有模式，为组织机构内每个岗位都能够分享空间信息，并实现跨部门的协同与共享提供了技术保障。

第 4 章　GeoScene 平台核心能力。如果说前 3 章都是以 GeoScene 产品本身的架构和重要模块为主线进行介绍的，那么，本章则完全换了一个维度，将以 GeoScene 平台的核心能力为线索来展开。这些核心能力分别涉及三维场景融合、时空大数据分析应用、物联网与实时数据接入和处理、影像大数据、地理空间人工智能（GeoAI）、空间分析与数据科学等若干个重要的方面。无论是对当前应用热点的把握，还是为了解和跟踪技术发展的最新趋势，这几个方面都很值得读者用心关注。

第 5 章　GeoScene 平台配置策略与部署方法。这一章的内容是非常有趣而又十分特别的。在一本介绍 GIS 平台软件的书里，专门辟出一章来主要讲硬件配置策略，可以说是独具特色了。之所以这么安排，是源于易智瑞公司多年来为用户提供咨询和实施服务过程中的深切体会。GIS 平台软件应用广泛，可能用在一个单一的部门，也可能用在一个机构内部的多个部门，甚至可能跨机构、跨区域，纵向下可达县级业务部门，上可至中央部委，横向可涉及多个业务部门的不同岗位和角色，可谓"纵到底，横到边"。在所有这些可能的应用场景中，GIS 软件的潜能，不是随意有什么环境就将就用什么环境可以充分发挥的。相反，需要从应用需求出发，针对 GIS 软件对硬件和网络架构的适应性要求，较为综合地进行设计，这样才可能使 GIS 软件的效能尽最大可能发挥出来，使系统总体更加优化。事实上，这是一个非常复杂而困难的任务。要在一章中用十分有限的篇幅讲清楚，考验巨大。折中的考虑是，用有限的篇幅尽可能交代清楚 GeoScene 的配置策略，也就是配置设计中需要考虑的主要因素和基本原则。然后具体给出针对不同的配置策略进一步部署实施的方法。最后，以若干经典的配置组合为例，供读者参考。

第 6 章　GeoScene 应用实例分析。这是非常重要的一章。原因很简单，GIS 软件最终的价值还是要落实到应用上，在具体解决实际问题的应用中才能得以体现。GIS 的适用场景浩若烟海，GeoScene 的实际应用案例也不胜枚举。作者针对当前对地理空间信息技术应用需求十分旺盛的若干领域，从中选择了几个具有典型意义的应用工程项目来加以介绍。基本剖析方法是从应用需求出发，首先明确要解决的主要问题或要消灭的主要"痛点"，然后结合 GeoScene 的架构和功能特点，从系统的角度给出解决问题的思路和方法，最后以图文并茂的形式向读者呈现应用的实际效果。

参与本书编撰的成员，都是易智瑞公司资深技术专家。他们或长期从事 GIS 软件技术研发，对相关技术有深入的研究和实践；或在 GIS 应用领域摸爬滚打多年，对多种行业应用中 GIS 软件需求的热点、难点和解决方法了然于胸；或对 GIS 技术咨询服务有丰富经验，是解决各种技术"疑难杂症"的行家里手。具体参编人员及其主要工作如下：沙志友是总体技术指导者，负责第 1 章 1.1 节内容组织与编写；伏伟伟负责第 1 章 1.2 ～ 1.4 节、第 4 章 4.6 节内容组织与编写；徐珂、石羽负责第 2 章、第 4 章 4.5 节内容组织与编写；陈星晨负责第 3 章内容组织与编写；卢萌负责第 4 章 4.1 节、4.7 节内容组织与编写；徐汝坤负责第 4 章 4.2 节内容组织与编写；刘春影负责第 4 章 4.3 节、第 5 章 5.3 节内容组织与编写；许丹石负责第 4 章 4.4 节内容组织与编写；刘立峰负责第 4 章 4.6 节内容编写；勾戈雪黎、朱政负责第 5 章 5.1 节、5.2 节内容组织与编写；马静丽负责第 6 章 6.1 节内容组织与编写；谢喆负责第 6 章 6.2 节内容组织与编写；杨钊、覃松负责第 6 章 6.3 节内容组织与编写；陈非负责全书统稿，第 6 章 6.1 节内容组织与编写；蔡晓兵负责全书统稿，前言编写；张聆负责总体策划、组织协调。

真心希望我们在繁重的日常工作之余，怀着满腔热情，以洪荒之力"挤压"出时间来编写的本书，能够对读者有所帮助。另外，由于水平有限，书中难免有不当或疏漏之处，敬请读者批评指正。

作　者

2022 年 4 月

目　录

第一部分　产品体系

第二部分　核心技术能力

第三部分　应用实践

第一部分

产品体系

第 1 章　快速了解 GeoScene

1.1　平台定位

要理解 GeoScene 的定位，就需要先介绍 GeoScene 软件的出品方：易智瑞信息技术有限公司（简称易智瑞公司）。易智瑞公司成立时间较长，其前身为成立于 1987 年的富融科技有限公司，历经扩张、改制，发展到现在，逐步成长成为集地理信息平台研发、销售、技术服务及行业解决方案于一体的领先技术的地理核心价值供应商。

20 世纪 70 年代末，正值我国改革开放之初，当时国内对 GIS 普遍知之甚少。全球领先的地理信息系统（GIS）企业——ESRI 公司创始人、总裁 Jack Dangermond 先生受中国科学院院士陈述彭的邀请于 1978 年第一次访华，进行学术交流并探讨把 GIS 引入中国。自此，GIS 在中国大地上播下种子。1991 年开始，易智瑞公司的前身作为 ESRI 的 GIS 产品技术在中国的唯一代理和服务机构，在国内开展地理信息技术及其应用的开拓与推广，为各个行业提供领先的地理信息技术与平台，帮助用户创造并提升业务价值。

30 余年来，易智瑞公司在国内拥有上万家用户单位，在从中央部委到各省（自治区、直辖市）、市、县政府部门，以及大型企业用户中有很高的市场占有率。用户涵盖了发改委和自然资源、生态环保、规划、住建、教育、能源、公安、交通、农业、气象、电力、电信、石化等共计 40 多个行业的行政管理部门和企事业单位。

截至目前，易智瑞公司在国内有数千家合作伙伴和上百家严选签约合作伙伴。这些合作伙伴与易智瑞公司一道，共同为各个行业和业务领域的用户提供面向业务流的信息化系统建设服务。

经过数十年的发展，中国的地理信息市场需求和环境发生了翻天覆地的变化。一方面，国内已经发展出大量的从硬件到操作系统和数据库、中间件等产品，并逐渐形成具有一定规模和体系的 IT 生态。与此同时，GIS 平台领域也呼唤具备国际水准的、具有自主知识产权的国产软件。另一方面，随着国内用户单位信息化水平的逐步提高，信息化人员和主管开始思考如何更好地满足本单位和本系统业务应用流程的个性化需求，特别是在和最新技术的对接方面，他们更愿意去尝试和实践。

GeoScene 正是在这个大背景下应运而生的。易智瑞公司在 2019 年就启动了国产软件研发工作，其 GeoScene 商标为 2019 年注册，2020 年 4 月获批。另外，2019 年易智瑞公司同 ESRI 公司进行了长达 1 年之久的知识产权引进工作。双方最终达成协议，由 ESRI 公司向易智瑞公司转移 ArcGIS 最新的软件内核的知识产权，并且由易智瑞公司在 ArcGIS 内核技术基础上研发全新 GeoScene 软件。

由此产生的 GeoScene，具备三个方面的特点。

第一，GeoScene 是在国际先进技术基础上针对中国用户打造的智能、强大的国产地理空间信息平台。这就意味着 GeoScene 是站在巨人的肩膀上打造的，起点高，技术先进。国内的用户一方面能够用到全球最先进的技术；另一方面自己的知识体系、使用习惯都不用做出大的改变，甚至原有的定制开发的业务系统，也不需要有大的改动即可平滑升级。

第二，GeoScene 软件以云计算为架构并融合各类最新 IT 技术，具有强大的地图制作、空间数据管理、大数据与人工智能挖掘分析、空间信息可视化以及整合、发布与共享的能力。这就意味着，一方面 GeoScene 所提供的 GIS 功能是全方位的，涵盖了 GIS 业务的完整链条，包括从 GIS 的数据采集管理、分析挖掘、可视化到共享应用等各个方面；另一方面，GeoScene 软件也在国内用户比较关心的三维、大数据、人工智能、物联网等方面做出了更多的努力，为满足国内用户的特定需求，提供了更加丰富和强大的功能和平台支撑。

第三，GeoScene 针对国内用户需求、用户体验、软硬件兼容适配、安全可控等进行了重点突破，使之具有独特的优势。GeoScene 软件研发设计时，充分考虑了国内在信息技术应用创新方面的特殊性。首先是在国内软硬件的兼容适配方面，GeoScene 与国产的 CPU、操作系统、数据库以及中间件等各基础软硬件进行了日益广泛深入和充分的对接。其次，按照国家信息安全标准，对软件的安全性进行了增强。当然，GeoScene 软件在使用交互等方面，也更向国内用户的操作习惯靠拢。

如上三个方面，既是 GeoScene 的特点，也能够清晰地表明 GeoScene 的定位和发展方向。简而言之，虽然相对其他传统 GIS 软件来说，GeoScene 软件发布时间不长，但由于起点高，同时结合研制单位在业内几十年的 GIS 工作经验，其在功能、性能、安全及用户体验等众多方面均具有优势。

1.2　平台架构

GIS 作为结合地理学、计算机科学等多领域的综合性学科，从来不是孤立封闭的系统，GIS 技术发展一直与 IT 技术发展息息相关。GIS 软件体系结构的每一次变革，同样都受 IT 技术发展的影响。

从 20 世纪 90 年代开始，随着国内互联网技术蓬勃发展和普适应用，计算机应用模式经历了主机模式、单机桌面应用模式和多层企业应用模式三个阶段。GIS 应用模式也相应历经了单机模式、客户 / 服务器（C/S）模式、WebGIS 模式。

2010 年以后，移动互联网、云计算、大数据等新技术进一步驱动了 GIS 体系结构和应用模式的变革，催生出 WebGIS 2.0 模式。与第一代 WebGIS 相比，WebGIS 2.0 整合了日益纷繁多样的地理数据，支持用户使用个人计算机、智能手机、平板等各类终端设备，随时随地、随心所欲地访问、使用 GIS 资源和功能。与此同时，新一代的 WebGIS 更加强调用户交互与协作共享，用户不再简单地作为内容访问者，而成为内容创作者，发现资源并方便地进行信息聚合，将地图作为一种新型语言不受时空限制地表达、分享观点、信息和知识。

应用模式的变化相应地对 GIS 软件体系架构也提出了新的要求。GeoScene 顺应时代要求，从诞生之初就提供了适应新模式的 WebGIS 架构。GeoScene 平台采用分层架构，自下而上包括数据层、服务层、门户层和应用层四层（图 1-1）。

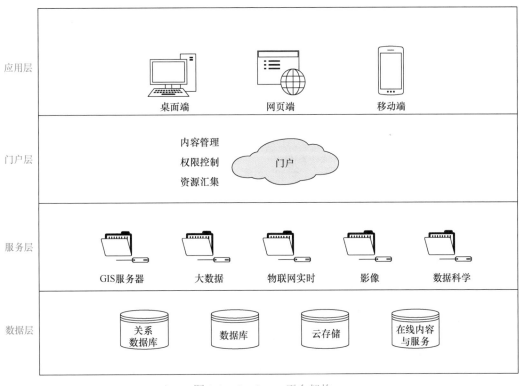

图 1-1　GeoScene 平台架构

(1) 数据层。数据层是 GeoScene 平台的底层。信息技术的发展，数据采集、数据组织与存储等方式都发生了重大改变。GIS 要组织、处理的地理数据类型更加多样，格式更加复杂，数据量更加庞大。现代 GIS 架构首先要满足多源异构庞大规模数据的分布式存储与管理需求，实现多源数据集成与融合。GeoScene 平台将主流 IT 存储技术与空间技术融合，提供云存储、传统关系存储、非关系存储等多种存储方式。

(2) 服务层。服务层是 GeoScene 平台的重要支撑，为平台提供丰富的内容和开放的标准支持。它是空间数据和 GIS 分析、大数据分析在 Web 中发挥价值的关键，负责将数据、空间分析能力等转换为 GIS 服务（GIS service），通过浏览器和多种设备将服务带到更多人身边。

(3) 门户层。门户层是承上启下的一层，是 GeoScene 平台的访问控制中枢，是用户实现多维内容管理、跨部门跨组织协同分享、精细化资源访问控制，以及便捷地发现和使用 GIS 资源的渠道。门户可通过聚合多种来源的数据（如互联网地图数据、自有业务数据、合作伙伴数据等）和服务创建地图，制作的地图可供用户调用。

（4）应用层。应用层与用户联系最为紧密，GeoScene 平台为不同业务场景、不同角色人群提供丰富多样的 GIS 应用。该层满足用户随时随地获取地理信息、使用 GIS 功能的需要。

1.3　产品组成

GeoScene 平台产品组成丰富，从云端到客户端，再到平台扩展开发，为不同的应用模式与业务场景、不同的用户角色，提供了完整、灵活的选择空间。产品可以概括为"一二三四 N+"的体系结构（图 1-2）。

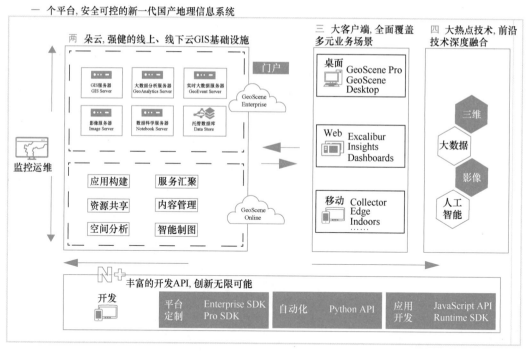

图 1-2　GeoScene 平台产品体系结构

GeoScene 为用户提供了一个安全可控的新一代国产地理信息系统软件平台。整个软件平台由以下几部分组成：

（1）两朵云，强健的线上、线下云 GIS 基础设施。

GeoScene 提供公有云平台 GeoScene Online 以及服务器产品 GeoScene Enterprise。

GeoScene Online 是易智瑞公司在线运营维护的公有云平台，其为用户提供了一个基于云的、完整的、协作式的地理信息内容管理与分享的工作平台。用户可随时随地通过各种终端设备访问、使用平台资源与功能。

GeoScene Enterprise，帮助用户在自有环境中搭建地理空间云平台（就安装部署而言，它可以安装在用户自己的服务器或私有云上，也可以安装在公有云上）。它提供了一个全功能的制图和分析平台，包含强大的 GIS 服务器及专用基础设施来组织和分享工作成果，使用户随时随地、在任意设备上获取地图、地理信息及分析功能。

（2）三大类客户端，全面覆盖多元业务场景。

GeoScene 应用覆盖三大主流客户端。

桌面端：提供 GeoScene Pro 和 GeoScene Desktop，适用于专业 GIS 人群，以及专业 GIS 工作。

Web 端：提供 Excalibur、Insights、Dashboards 等应用，组织中的业务人员可以快速上手，实现空间数据挖掘分析、影像处理与分析等工作。

移动端：提供离线数据采集应用等相关产品。

（3）四大热点技术，前沿技术深度融合。

GeoScene 产品紧跟技术趋势，融合云计算、大数据、人工智能等主流技术，为用户提供完整的三维、大数据、人工智能、影像四大技术能力。

（4）N+ 丰富的开发 API，创新无限可能。

GeoScene 提供 JavaScript API、Runtime SDK 等 Web、桌面、移动端丰富的 API，帮助用户根据不同的应用需求，通过调用 API 接口，自行定制开发，实现应用创新，开创无限可能。

1.4　平 台 特 色

GeoScene 是在国际领先 GIS 技术引擎的基础上，面向国内用户打造的智能、强大的国产地理信息平台。与国内外 GIS 软件产品相比，GeoScene 在技术先进性、国产兼容适配、安全可控、稳定性等多个方面独具特色。

1. 基于国际先进 GIS 内核，技术先进，功能强大

源于国际领先的拥有数十年技术积累的强大 GIS 引擎，与云计算、大数据、人工智能、物联网等最新 IT 技术紧密结合，引领 GIS 技术发展方向。在数据管理、二三维融合、空间分析与科学计算、遥感影像等方面提供诸多独一无二的功能。

（1）独特的空间数据模型，全方位链接多维度异构数据源；高效的专业数据处理和制图工具；基于多云多端融合架构的多级分布式数据发布、共享、交换与应用能力。

（2）多终端二三维一体化；支持传统二维数据，以及 BIM、实景三维、点云等不同类型三维数据接入；基于属性的智能制图及所见即所得的制图体验；灵活的系统定制与开发支持；能够将二维空间分析能力、高级三维分析工具和用户的业务模型进行无缝集成。

（3）提供上千种极其丰富的空间分析工具和分布式并行计算框架，可满足各种大数据挖掘分析与科学计算需求。内置先进的机器学习方法，不仅能洞悉空间分布规律，还能预测事物的空间变化情况。

（4）支持对卫星、航空和无人机、全动态视频、高程、雷达等众多数据源接入，通过镶嵌数据集技术支持对多景影像实现存储、管理和共享。拥有专业级影像正射纠正生产处理能力。通过近 150 种实时分析函数扩展栅格大数据分析能力。提供基于 AI 深度学习算法的预测分析、影像分类和目标识别能力。

2. 完全国产化，完整支持国产软硬件基础设施

GeoScene 在 ArcGIS 技术及知识产权转让基础上，立足国内用户需求，更加贴合用户交互和使用习惯，遵从需求分析、系统设计、系统开发、系统测试、软件发布的专业、完整的软件研发流程，研发过程和质量把控严格遵守国家及行业相关标准。GeoScene 体系中的所有软件产品均具有中国软件著作权。

在国产化浪潮中，包括数据库、芯片、操作系统等的国产 IT 基础设施得到普遍应用。GeoScene 在国产兼容适配方面投入巨大，全面支持 X86 与 ARM 架构的国产 CPU 芯片、市场主流国产操作系统和数据库等完整软硬件设施。

3. 数十年锤炼锻造的超强稳定性

GeoScene 采用与国际成熟软件 ArcGIS 一致的 GIS 内核。几十年来，数十万用户长期使用，千锤百炼，使该 GIS 内核具有超强的稳定性。

GeoScene 研发过程中，从软件设计、研发到集成测试，严谨的软件工程工序，也全方位确保了软件体系的科学性、稳定性。

第2章 桌面产品 GeoScene Pro

随着科学技术的不断发展，更多新技术的不断涌现，传统桌面应用程序的发展达到了饱和状态，无法满足越来越多数据高效生产效率的诉求以及对新技术能力的响应，产品革新刻不容缓，新一代专业 GIS 桌面应用程序 GeoScene Pro 应运而生。

GeoScene Pro 是 GeoScene 的原生 64 位应用程序，支持多线程、GPU 加速，能更好地使用计算机硬件性能，使数据处理更快速；融入前沿热点新技术，如物联网、大数据、基于深度学习的影像分类和识别等；可与 GeoScene 平台无缝对接，实现多端数据共享及操作；界面设计采用 Ribbon 风格，使用起来更加简单方便。

本章将从数据管理、制图与可视化、编辑、地理工具、地理分析及分享这六方面全面介绍 GeoScene Pro 的能力。

2.1 数 据 管 理

地理数据库（Geodatabase）是贯穿整个 GeoScene 平台的空间数据库，为平台绝大多数功能模块提供数据访问和数据管理。地理数据库包括文件地理数据库和企业级地理数据库两种类型。文件地理数据库在文件系统中以文件夹形式存储，每个数据集都以文件形式进行保存。企业级地理数据库存储在任一个受支持的数据库管理系统之中，如 Oracle、PostgreSQL、金仓、瀚高等。SDE 是多用户 GeoScene 系统的一个关键部件，它为数据库管理系统提供了一个开放的接口，允许 GeoScene 在多种数据库平台上管理地理信息。地理数据库提倡将所有 GIS 数据统一存储在一个中心位置，以便于访问和管理。

地理数据库支持不同类型的 GIS 数据，如属性数据、栅格数据、矢量数据、三维数据。GeoScene 拥有一套完整的数据转换工具，可以轻松地将现有数据迁移到地理数据库，并充分利用其出色的数据管理能力来管理和使用空间信息。

与 Shapefiles 相比，地理数据库是一个更健壮和可扩展的数据模型。虽然 Shapefiles 是一个广泛应用的 GIS 数据存储格式，它适用于不同软件之间的数据交换，但它没有利用最新的数据存储技术。例如，地理数据库拥有一套全面的信息模型来表达和管理地理信息。这套模型主要通过一系列包含要素类、栅格数据集以及属性值的表来实现。除此之外，高级的 GIS 数据对象中还添加了 GIS 行为（动作）、用以确保空间完整性的规则以及处理众多空间关系的工具。

2.1.1　地理数据库

地理数据库有两种类型：用于单用户编辑的文件地理数据库和支持多用户同时编辑的企业级地理数据库。

1. 文件地理数据库

文件地理数据库将数据集以包含若干文件的文件夹形式存储在计算机上，逻辑上它没有大小容量限制。默认情况下，每个表最多可以存储 1TB 数据。但如果需要的话，可以进行修改，使一个表最多可以存储 256 TB 数据。存储在文件地理数据库中的矢量数据可以选择压缩为只读格式，以减少内存占用达到性能提升的目的。压缩后的矢量数据可以随时被解压，使其在任何时候都可以编辑。文件地理数据库可以存储在 Windows 和 Linux 平台上。文件地理数据库无法使用版本和归档功能。

2. 企业级地理数据库

版本（version）。通过版本控制，企业级地理数据库可以管理和维护多种状态，同时保持数据库的完整性。一个版本代表了地理数据库的一个可选的、独立的、持久的视图；支持多个并发编辑器，并且不涉及数据复制。版本控制是多用户地理数据库中的默认编辑环境，它记录了修改、添加或删除的单个要素的状态。该框架允许多个用户同时访问和编辑相同的数据，并提供长事务处理。

复本（replication）。这是企业级地理数据库提供的一种数据分发方法。通过地理数据库复本，GIS 数据可以分布于两个或多个地理数据库，这些复本在其各自地理数据库中发生的更改可以同步到主数据库中。复本构建在版本控制环境之上，并支持完整的地理数据库数据模型，包括地理空间关系，如拓扑和几何网络。由于地理数据库复本功能是在地理数据库级别实现的，所以涉及的关系数据库管理系统可以不同。例如，一个复本地理数据库可建立在 SQL Server 中，而另一个复本地理数据库则可以建立在 Oracle 中。地理数据库复本既适用于在线环境，也适用于离线环境。它可以与本地地理数据库链接，也可以与地理数据服务器配合使用，从而允许访问云端的地理数据库。

归档（archiving）。归档是一种记录、管理和分析数据更改的机制。允许查看某一特定历史时刻的数据，还可以探究数据随时间的变化。地理数据库存档可保存从启用存档到禁用存档这段时间内所发生的全部更改。

2.1.2　矢量数据管理

存储在地理数据库中的矢量数据称为要素类。要素类是具有相同几何类型（如点、线、面）、相同属性结构和坐标系的地理要素的集合。街道、景点、宗地、用地类型和人口普查区域都可以作为要素类进行存储。如果说要素类是一个简单的数据模型，那么要素数据集就是一个复杂的数据模型。

在地理数据库中，经常将相关的要素类分组到一个要素数据集中。例如，全国范围的数据，包含河流、湖泊、高速公路、国道等。河流和湖泊、高速公路和国道可以分别组织在水系、道路要素数据集中。

在要素数据集中，可以根据要素类之间的地理空间关系进行建模，从而实现更高级的 GIS 分析。常用的地理空间关系数据结构模型包括：

（1）拓扑。拓扑提供对数据执行完整性检查的机制，帮助验证和保持数据的完整性。例如，土地利用数据中，可以检查图斑之间是否有重叠。它还支持拓扑关系查询和拓扑编辑，如查找相邻要素、编辑要素间的公共边，并允许从非结构化几何结构构建特征。例如，根据线创建面。

（2）网络数据集。由一组连接的边、交汇点、转弯要素组成，并存储源要素的连通性。网络数据集是无定向网络，用于模拟道路交通网络，如查找穿过城市的最佳路线、查找最近的急救车辆或设施点、识别某一位置周围的服务区等。

（3）追踪网络。由一组相连的边、交汇点与网络权重属性组成，以对通过网络的资源流进行建模。追踪网络是定向网络，用于模拟只允许沿边单向流动的资源，如河流、电力、给水线路等。

（4）公共设施网络。提供了一个综合功能框架，用于对电力、天然气、水利、雨水、废水和通信等公共设施系统进行建模。可对系统内的每一个组成部分（如电线、管道、阀门、区域、设备和回路）进行建模，能够模拟网络中的真实行为。相较于追踪网络，公共设施网络提供了更丰富的功能，更能满足现代公共事业的需要。

地理数据库中的其他业务逻辑，如属性域和子类型，也可以应用于 GIS 数据。子类型支持对表或要素类中具有相同属性的要素进行分类，而无须为每个子类别创建新的要素类，从而可提高地理数据库的性能。例如，可将道路要素类中的道路分为三种子类型：高速公路、国道、省道。属性域是描述字段的合法值的规则。当属性字段与属性域关联时，只有域定义的值对该字段有效。换句话说，该字段不接受不在该域中的值。例如，车道数是 2 ~ 10，若输入 12，则是无效数值，且不允许输入。子类型和属性域易于定制，可满足特定的业务和 GIS 应用流程的需求。总的来说，地理数据库中的这些业务逻辑有助于简化数据输入，并确保 GIS 数据的完整性。因此，可充分利用地理数据库优化 GIS 数据，并维护一个一致、准确的 GIS 数据存储库。

2.1.3　栅格数据管理

GeoScene 使用栅格数据集和镶嵌数据集来组织、存储和管理栅格数据。

1. 栅格数据集

大多数影像数据和栅格数据，如正射影像或 DEM，均可以作为栅格数据集提供。可以采用许多格式存储栅格数据集，包括 TIFF、JPEG 2000、IMG、MrSid 等。栅格数据集可以以文件形式单独存储在磁盘中，也可以存储在地理数据库中。

栅格数据集的物理存储采用"金字塔—波段—数据分块"的多级索引机制进行组织。使用金字塔结构存放多种空间分辨率的栅格数据，同一分辨率的栅格数据被组织在一个层面（layer）内，而不同分辨率的栅格数据具有上下的垂直组织关系：越靠近顶层，数据的分辨率越低，数据量也越小，反映原始数据的概貌；越靠近底层，数据的分辨率越高，数据量也越大，反映原始数据的细节。根据金字塔显示要求，通过检索使用指定分辨率的数据，从而加快栅格数据的显示速度。栅格数据集是构建镶嵌数据集最基本的栅格数据存储模型。

2. 镶嵌数据集

镶嵌数据集是一种非常适用于大规模影像管理的信息模型，可实现多源数据（包括主流的国内外卫星影像、航空影像、无人机影像、激光雷达数据、科学数据集等）的高效管理（图 2-1）。

图 2-1　使用镶嵌数据集管理影像

镶嵌数据集是地理数据库中的数据模型，采用"文件 + 数据库"的存储和管理方式，用于管理一组以目录形式存储并以镶嵌影像方式查看的栅格数据集。栅格数据集添加到镶嵌数据集时，只会在空间数据库中建立索引，不会复制或改变原有的栅格数据集，原有栅格文件仍然存储在文件系统中或是空间数据库中。

镶嵌数据集的基本组成部分包括边界、轮廓线和影像。轮廓线表示镶嵌数据集中每幅栅格的范围。边界是一个面，表示镶嵌结果的边界。影像用于控制镶嵌数据集渲染，可以更改波段组合、镶嵌方法。

镶嵌数据集有两个特性：动态镶嵌和实时处理。

（1）动态镶嵌。镶嵌数据集中的一幅或多幅栅格数据集，无须执行任何操作，自动"镶嵌"在一起。允许更改影像的排列顺序，例如，同一地区多个年份的数据，可优先显示较新年份的数据。某个地区的楼房，使用不同的镶嵌方法，看到的结果也不同（图 2-2）。

图 2-2 不同的镶嵌方法，楼房显示角度不同

（2）实时处理。实时处理是一种按需处理的技术，在实时获得处理结果的同时，不产生中间数据，从而有效节约数据的处理时间与空间。实时处理的机制是栅格函数。栅格函数可以用于单个栅格数据集或镶嵌数据集，访问和查看数据时，这些函数将动态应用到数据上。栅格函数链接在一起组成函数链，一个函数的输出作为该链上下一个栅格的输入，以对栅格进行更复杂的处理（图 2-3）。

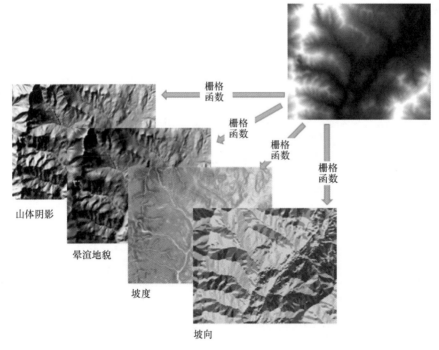

图 2-3 使用栅格函数获取 DEM 表面分析结果

2.2　制图与可视化

在地理信息世界，对 GIS 数据的制图与可视化是我们对空间数据进行了解、管理和分析等行为的前提和基础。GeoScene Pro 在制图与可视化能力上既体现了传承性，又具有创新性，提供了各式各样的地图符号和常用的地图模板，以及先进的制图工具，如智能制图、多属性符号系统和灵活的标注与注记选项，使得制图可视化成果兼具美观性、交互性和信息性，能够满足绝大多数用户的基本制图要求。同时，重新设计和组织的制图可视化功能界面，使用起来更加简单、方便，极大提高了制图工作效率。此外，GeoScene Pro 还拥有更多高级的可视化能力，如动画制作、建立时空立方体等。本节将从符号化、图表、符号效果、多比例级别地图、文本、布局等几个方面介绍 GeoScene Pro 的制图能力。

2.2.1　符号化

图层是 GeoScene Pro 中地理数据的显示机制。对于矢量数据，根据其属性值将符号分配给每个要素，并使用特定的方法符号化每个图层。例如，水体和河流可显示为单一、连续的蓝色；道路可根据道路类型进行符号化；地震可根据震级使用比例符号加以表示；而土地利用面数据可根据用地类型进行分类。对于栅格数据，根据其栅格属性（如波段、数据类型、统计数据）和可用元数据，采用合适的可视化方法进行显示。例如，遥感影像可使用波段组合的方式以彩色进行显示；高程数据采用分类方法将像元值归组到不同的类别进行显示。GeoScene Pro 通过符号和显示技术，提供用于图层显示的可视化方法。

1. 矢量图层的符号化方法

GeoScene Pro 提供了 12 种可视化方法。根据用途，可将其分成三类：使用单一符号绘制图层、使用类别绘制图层和根据数量绘制图层。

1) 使用单一符号绘制图层

图层中所有要素使用相同的符号进行显示，如黑色的圆形点用来表示城市。单一符号允许查看数据的分布特征，但不显示或比较数据中的特征值。然而，符号、颜色和大小会给数据的特征赋予一些意义。单一符号是唯一不需要使用数据属性值的可视化方法。

2) 使用类别绘制图层

使用类别时，可以指定不同的符号表示由唯一属性值定义的各个类别。例如，可按用地属性将土地利用数据分为居民地、建筑用地、耕地等。使用类别绘制图层的符号化方法包括唯一值和字典。

唯一值可以基于要素类中一个或多个属性字段进行绘制，或者编写 Arcade 表达式来生成用于符号化的值。

字典用于通过配置有多个属性的符号进行显示图层。例如，餐厅数据属性中包含卫生评级、价格等级、营业时间、餐厅风格等，每个属性需要采用对应的符号进行显示，这时可以使用字典。GeoScene Pro 中自带一些显示规则的字典，还可以创建自定义字典并将其用于处理其他符号规范。

3) 根据数量绘制图层

根据要素中用于表示数值的属性绘制图层，可用于比较数据的特征值，如数量、百分比、密度等。绘制方法包括分级颜色、分级符号、比例符号、密度、热点图、图表等。

（1）分级颜色。

通过改变符号的颜色来显示要素之间的定量差异。数据被划分到不同的范围中，然后从配色方案中为每个范围分配一个不同的颜色来表示该范围。例如，若分类方案有五类，则分配五个不同的符号颜色，符号的大小保持不变。这种地图通常也称为分区统计图。

未分类色彩。通过色彩表示要素值的定量差异。未分类色彩与分级色彩的相似之处在于两者都用于绘制分区统计图。分级色彩使用唯一符号将数据划分为离散的类，而未分类色彩将配色方案均匀分配至要素。

二元色彩。使用分级色彩来显示两个字段之间要素值的定量差异。与分级色彩符号系统相似的是，系统将对每个变量进行分类，并为每个类分配一种颜色。二元配色方案将是两个具有两个或三个离散类的变量的乘积，这将创建由四种或九种唯一颜色组成的正方形格网。使用这种符号系统的地图通常称为二元分区统计图。

（2）分级符号。通过改变符号的大小来显示制图要素之间的定量差异。数据被划分到不同的范围中，为每个范围分配一个大小不同的符号来表示该范围。例如，如果分类方案有四个类，则分配四个大小不同的符号。通过使用分级符号，可以很好地控制每个符号的大小，因为符号的大小与数据值不直接相关。这意味着可以设计一组在大小上具有足够变化的符号来表示每个数据类，以将该数据类与其他数据类区分开来。

（3）比例符号。用于显示要素之间在数量上的相对差异。比例符号系统与分级符号系统的相似之处在于两者都根据要素属性的量级来绘制相应大小的符号。但是，分级符号中符号的大小与数据值不直接相关，但比例符号中符号大小与数据值直接相关。例如，用于表示树的点图层，包含表示树冠半径的属性（单位为 m）。使用比例符号显示树冠，可表示实际树冠的大小。

（4）密度。用于表示面内数量的方式，仅适用于面要素类。通常采用实心圆或点进行显示。每个点表示与人、事物或其他可量化现象相关的常量数值，各个点的大小是相同的。点密度多用于表示人口数据，点越密集表示人口越多；反之，人口越少。

（5）热点图。将点要素绘制为相对密度的动态表面。所显示的结果栅格中的每个像元都有一个表示相对密度的值。此密度基于要素计数，也可以选择权重字段根据属性对密度进行加权。例如，代表公寓楼的点，热点图符号系统可根据各个建筑物中的单元数量进行加权，因此越大的建筑物对密度计算的贡献越大。热点图使用核密度方法计算，与核密度地理处理工具使用的算法相同。

（6）图表。用于表示数据的统计图形，以显示属性之间的定量差异。图表中每个部分都代表一个用于构成整组数值的属性值。图表类型包括柱状图、饼图、堆叠图。例如，使用饼图来表示不同区域不同月份销售比例。饼图的每个扇区代表一个月份，根据该区的销售额按比例调整每个图表符号的大小。

2. 栅格图层的符号化方法

根据栅格类型的不同，可以选择多种显示和符号化方法。GeoScene Pro 中仅会显示对所选数据有效的符号系统类型。这些包括：

RGB。颜色模型 RGB 分别代表红色、绿色和蓝色。RGB 符号系统可用于将多光谱波段加载到每个通道（R、G 和 B）中，从而创建合成图像。多种波段组合有助于在图像上高亮显示特定要素。此外，还支持 α 波段，用来充当透明度掩膜，用于确定每个像素的透明度值。

拉伸。用于定义待显示值的范围，并应用色带。如果图层有多个波段，则可以从波段下拉列表中选择单波段进行拉伸。

分类。用于将像素分组到指定数量的类中，显示栅格值间的差异。

唯一值。对栅格图层中的每个值随机分配颜色。由于类别的数量有限，通常将其与专题数据（如土地利用）配合使用。如果选择渐变配色方案，则还可将其与连续数据配合使用。

色彩映射表。将应用与数据集相关联。每次添加带有色彩映射表的栅格数据时，将按色彩映射表中指定的颜色显示。

离散。使用一种随机色带来显示栅格数据集中的值。该渲染器只能用于整型栅格数据集，而且不会生成图例。针对栅格具有大量唯一值且不需要图例的情况，此方法十分有用。

矢量字段。使用量级和方向分量或者 U 和 V 分量（有时称为纬向速度和经向速度）来显示数据。通常用于洋流或风流，将其显示为箭头，其中箭头方向指示该流的方向，箭头的大小与该洋流或风流的强度相关。

2.2.2　图表

图表是数据的一种图形表达形式。图表可视化数据有助于发现数据中的模式、趋势、关系和结构。将图表与地图一起使用可浏览数据并帮助讲述故事。GeoScene Pro 可以根据矢量数据、栅格数据或独立表来创建图表，并且为每种数据类型提供一组不同的图表。

　　除了传统的直方图、散点图、折线图、箱形图、QQ 图外，还支持日历热点图（图2-4）、数据时钟图、剖面图（图2-5）等。对于栅格数据，除了影像直方图、散点图外，还支持光谱图和时态图（图2-6）。

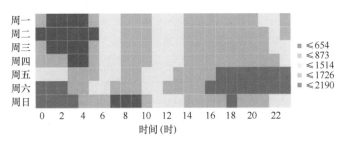

图 2-4　日历热点图——一周分日分时交通事故数

图 2-5　高程剖面图

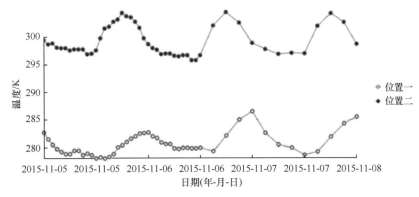

图 2-6　时态图——地表温度变化图

2.2.3 符号效果

GeoScene Pro 自带可应用于多个行业的符号。一般情况下，点符号应用于点图层，线符号应用于线图层，面符号应用于面图层。有时，在不改变原始数据的情况下，需要一些特殊制图效果。图 2-7 是河流渐变效果，原始数据是线，展示的结果是锥形面。

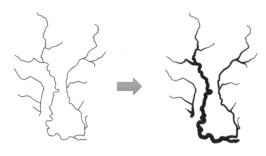

图 2-7　河流渐变效果

符号效果是多种符号的组合，目的是动态更改要素几何，以增强符号表现。可将多种几何效果添加到单个图层，这时将按照顺序应用多种效果，这样第一种效果的输出几何便能用作下一种效果的输入几何（图 2-8）。

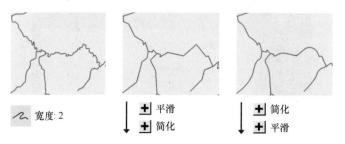

图 2-8　几何效果顺序不同，效果不同

无论几何本身如何通过一系列几何效果进行动态更改，最后效果的最终输出都必须与符号图层的几何类型相匹配。河流渐变案例中，在线符号图层中增加面符号图层，对面符号图层应用符号效果锥形面，最后修改面符号，应用河流的起始和终止宽度字段，形成最终效果。

2.2.4 多比例级别地图

多比例地图为动态地图，可在多种比例下以不同的方式显示数据。此类地图不同于静态地图，静态地图适用于单一比例下进行查看和输出。所有地图均支持缩放操作，但多比例地图所采用的特定创作方式，可确保其在所有比例下均具有视觉连续性，所以此种地图在传达信息方面更为高效。在各种比例下对数据进行近乎无缝的描绘时，多比例地图最为有效。

　　通常我们制作多比例地图是复制多个重复图层到不同的可见比例范围，这种方法增加了图层管理的难度。GeoScene Pro 提供的制作多比例地图的新方法——基于比例的符号类，可为分类符号设置可见范围，并依比例尺设置符号大小（图 2-9 和图 2-10）。

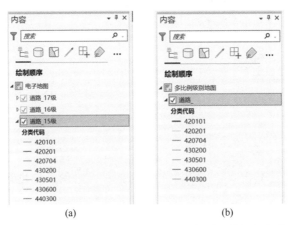

(a)　　　　　　　　　　　(b)

图 2-9　传统图层的组织方式（a）及无重复图层的组织方式（b）

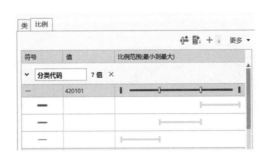

图 2-10　采用基于比例的符号类可视化道路

　　使用这种新的逻辑制作多尺度地图，在不复制图层的情况下，可制作多种比例级别的地图（图 2-11）。此方式简洁高效，数据量小，尤其适用于矢量切片的制作。

　　矢量切片是包含多种比例数据的矢量表示形式。不同于栅格切片，矢量切片能够适应高分辨率显示器，支持样式修改，以形成不同风格的地图。将矢量地图创建成矢量切片，重点是构建一个有效的地图。创建动态地图，采用基于比例的符号类是创建矢量切片的必要方法。

2.2.5　文本

　　地图可以传达各种地理要素的信息。然而，如果在地图上只显示地理要素，即使

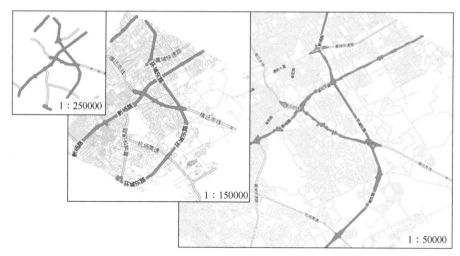

图 2-11　基于道路图层的多比例地图

采用特定的符号来传达其含义，有时也并非总能使人理解。向地图中添加文本信息可增强地图的可读性。

不同类型的文本在制图中作用不同，GeoScene Pro 提供了不同的文本类型，包括标注、注记、文本地图注释，以及布局中和地图上的图形文本。

1) 标注

标注是一段自动放置的文本，其文本字符串基于要素属性信息。标注是添加要素描述信息最快捷的方法。例如，可以在地图上开启主要城市图层的动态标注以快速显示所有城市的名称。

标注的位置是自动计算的。平移或缩放地图后，标注的位置会发生变化，会呈现当前地图范围内所有要素的标注。

GeoScene Pro 提供针对标注的一系列设置，如标注位置、样式、密度、不同图层标注间的冲突等，以满足不同用户的需求。

2) 注记

注记用来描述特定要素或向地图中添加常规信息。与使用标注的方式一样，可以使用注记为地图要素添加描述性文本，或是手动添加一些文本来描述地图上某个要素。但与标注不同的是，每条注记都存储自身的位置、文本字符串以及显示属性。与标注相比，注记为调整文本外观和文本放置提供了更大的灵活性，因为可以选择单个文本来编辑其位置与外观。

3) 文本地图注释

文本地图注释的载体是注记。这些注记可能是永久性的添加，也可能是质量控制或其他检查所使用的临时项目。添加地图注释后，它们会变成地图上的单个要素，会保留其位置信息。文本地图注释提供默认的符号及深色、浅色等模式，以便在各种地图背景中可见。圆和图钉用来定义唯一位置、线和箭头、半透明的面，以及不同比例的文本。可以根据需要更改色彩甚至符号。

4) 布局中的图形文本

布局中的图形文本可用于将文字信息添加到页面中。与注记不同，图形文本存储在地图中，也就是 GeoScene Pro 工程中。动态文本是一种图形文本，若将其放置在地图布局中，则会随地图的当前属性而动态变化。

5) 地图上的图形文本

图形图层是用于存放图形元素（几何形状、线、点、文本或图片）的容器。它们提供一种可在地图或布局上展示简单标记以突出显示特定区域或标签位置的方式。可使用图形图层来可视化地图，而无须创建要素。例如，可以在图形图层中添加矩形和文本元素，以突出显示要租赁的房地产并标记附近的街道。将单个图形元素添加到图形图层时，若地图比例或坐标系发生更改，它们将保持相对于其他数据的位置。

2.2.6　布局

页面布局（通常简称为布局）是在虚拟页面上组织的地图元素的集合，旨在用于地图打印。常见的地图元素包括一个或多个地图框（每个地图框都含有一组有序的地图图层）、比例尺、指北针、地图标题、描述性文本和图例。为提供地理参考，可以添加格网或经纬网。GeoScene Pro 一个工程中可以包含多幅地图或多个布局（图 2-12）。

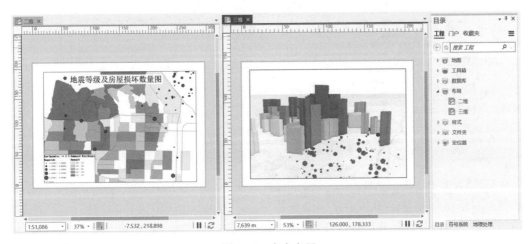

图 2-12　多个布局

布局中还支持地图册（也称图幅集合），可以自动构建单个布局界面，根据格网或是单个要素范围进行分幅（图 2-13）。

图 2-13　通过格网生成分幅地图

2.3　编　辑

编辑是在地图上创建、修改或删除图层上要素和相关数据的过程。在屏幕上将航空像片、卫星影像或正射影像显示为底图，通过编辑功能，在底图上方绘制道路、建筑物或农田等要素。GeoScene Pro 支持创建编辑 Shapefile、地理数据库中的要素类及各种表格形式的数据。要素类型包括点、线、面、注记、多面体和多点。

GeoScene Pro 支持创建或修改二维要素和三维要素；创建或修改注记要素、字体的类型、样式和文本大小；编辑要素属性和相关记录，并添加或移除文件附件；创建三维要素或导入三维模型；拉伸二维要素并将其符号化为三维要素；修整、替换或编辑要素几何，同时保留现有属性；创建属性字段并编辑属性。

GeoScene Pro 基于要素模板新建要素。可在要素模板中设置默认绘制工具以及要素默认属性（图 2-14），在绘制要素时可以使用设置的默认工具及属性。

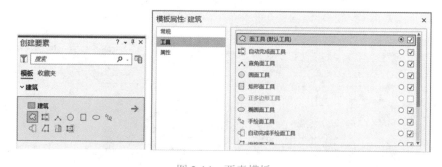

图 2-14　要素模板

GeoScene Pro 提供一系列工具用于修改要素。包括分割要素、修改要素、均分要素等。对于编辑要素的公共边或移动公共结点，GeoScene Pro 支持地图拓扑。启用地图拓扑后，编辑要素会自动编辑与其以拓扑方式连接的其他可见要素（图 2-15）。例如，移动面要素会拉伸连接的所有与面相邻的要素。

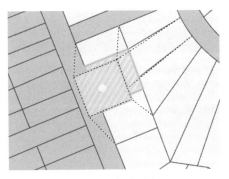

图 2-15　拓扑编辑

2.4　地　理　工　具

GeoScene Pro 提供近 2000 个地理工具，这些工具被分门别类地放入工具集中，工具集被放入工具箱中，用于执行从简单的缓冲区分析到复杂的回归分析、影像分类等各项 GIS 任务。执行自动操作的任务可以是普通任务，如将数据从一种格式转换为另一种格式，也可以是很有创造性的任务，这些任务使用一系列操作对复杂的空间关系进行建模和分析。例如，通过交通网络计算最佳路径、预测火势路径、分析和寻找犯罪地点的模式、预测哪些地区容易发生山体滑坡或预测暴雨事件造成的洪水影响。这些分析内容将在 2.5 节逐一介绍。对于普通任务，常用的矢量地理数据工具包括根据表中的经纬度坐标生成点、根据一定的范围生成矩形或六边形网格（图 2-16 和图 2-17）。

编号	气象站名	纬度/°N	经度/°E
1	高台	39.366667	99.833333
2	兴海	35.583333	99.983333
3	甘德	33.966667	99.900000
4	剑川	26.533333	99.916667
5	洱源	26.100000	99.966667

图 2-16　根据经纬度坐标生成点

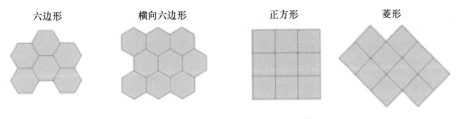

六边形　　　横向六边形　　　正方形　　　菱形

图 2-17　生成矩形或六边形网格

常用的栅格地理工具包括对栅格进行重分类、使用众数滤波清理影像分类后的碎图斑（图 2-18 和图 2-19）。

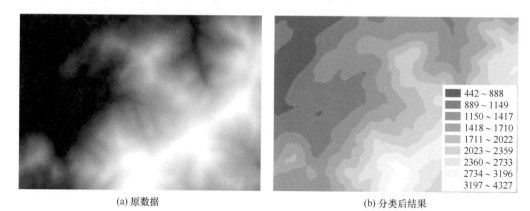

| 442 ~ 888 |
| 889 ~ 1149 |
| 1150 ~ 1417 |
| 1418 ~ 1710 |
| 1711 ~ 2022 |
| 2023 ~ 2359 |
| 2360 ~ 2733 |
| 2734 ~ 3196 |
| 3197 ~ 4327 |

(a) 原数据　　　　　　　　　　　　(b) 分类后结果

图 2-18　对高程数据分类

(a) 处理前　　　　　　　　　　　　(b) 处理后

图 2-19　使用众数滤波清理碎图斑

2.5　地　理　分　析

GeoScene Pro 提供了一系列地理分析功能，可提高生产力和分析能力。主要分析功能包括三维分析、地统计分析、影像分析、网络分析、空间分析。

1. 三维分析

GeoScene 三维分析提供了一系列用于在三维环境中处理 GIS 数据的工具。三维分析支持创建和分析表面数据及其他三维数据；导入不同来源的三维数据；以不规则三角网（TIN）作为高程源；运用 LAS 数据集管理和维护 LiDAR 数据；运用 LAS 数据集和地理处理工具编辑 LiDAR 点类别数据；进行三维要素和表面数据的通视分析（图 2-20）；评估几何属性及其与三维要素之间的关系等。

2. 地统计分析

地统计属于统计学方法，用于分析和预测与空间或时空现象相关的值。与传统统

图 2-20　通视分析

计不同的是，地统计考虑了数据的空间位置。地统计广泛应用于科学和工程的许多领域中，例如在环境科学中，地统计用于评估污染级别以判断污染是否对环境和人身健康构成威胁；在土壤科学中，地统计用于绘制土壤营养水平（氮、磷、钾等）和其他指标（如电导率），以便研究它们与作物产量间的关系，以及田间每个位置化肥的精确用量；在气象科学中，地统计用于对包括温度、降水和相关变量（如酸雨）的预测。

GeoScene Pro 地统计分析提供了通过确定性插值方法和地统计插值方法进行表面插值建模的功能。它提供的工具与 GIS 建模环境完全集成，GIS 专业人士可使用这些工具生成插值模型，并在这些工具用于深入分析之前对其质量进行评估。图 2-21 为使用地统计向导绘制臭氧浓度图。

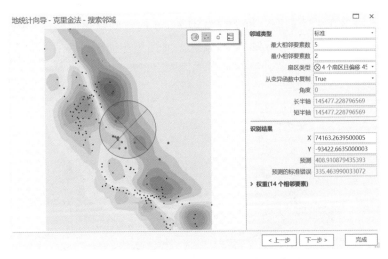

图 2-21　使用地统计向导绘制臭氧浓度图

3. 影像分析

我们经常要从影像中提取数据和信息，并对影像进行分析。例如，在农业领域，从高分辨率影像中提取耕地用于核查耕地的数量，并进行保护；在环保领域，识别水体，分析其水质情况；在国土领域，分析不同年份土地利用情况。

GeoScene Pro 影像分析功能主要包括：影像解译；从影像创建信息产品；立体影

像的要素编辑和测量；变化监测；机器学习、深度学习和要素提取等。通过影像分类向导进行影像分类如图 2-22 所示。

图 2-22　通过影像分类向导进行影像分类

4. 网络分析

GeoScene Pro 网络分析是指基于道路网络的分析。使用网络分析，可以创建和管理复杂的道路网络数据集合，为整个车队规划路线、计算行驶时间、定位设施以及解决其他与交通网络相关的问题。例如，查询 *A*、*B* 两点间最短的路线（图 2-23）；哪些房屋距离消防站的车程小于 5 分钟；哪些救护车或巡逻车能够最快对一起事故做出响应；配送或服务车队如何在提高客户服务质量的同时降低运输成本。

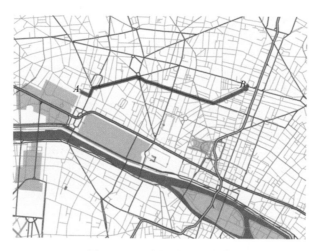

图 2-23　两点间的最短路径

GeoScene Pro 网络分析支持创建六种网络分析图层：路径分析、服务区分析、最近设施点分析、位置分配分析、OD 成本矩阵和车辆配送分析。

5. 空间分析

GeoScene 空间分析提供了多种强大的空间建模与分析功能。

从现有数据中获取新信息。包括基于点、折线或面数据量测距离；根据特定位置的测量数据计算出人口密度（图 2-24）；将现有数据按适宜性重新分类；基于高程数据创建坡度、坡向或山体阴影。

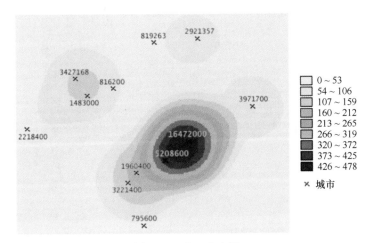

图 2-24　人口密度图

查找适宜位置。例如，基于一组输入条件定义了美洲狮生存最适宜区域，即地形陡峭且远离城区。根据这组指标分析得到的结果如图 2-25 所示，用不同的颜色展示了美洲狮适宜生存的区域。

图 2-25　识别适宜位置

执行距离和行程成本分析。可以计算从任意位置（像元）到最近的目标点的直线距离，也可以计算从任意位置到最近的目标点所需的成本。基于栅格数据分析，确定两个位置间的最佳路径。在考虑经济、环境和其他条件因素的前提下，可为道路规划、管线铺设或动物迁移确定最佳路径或最适宜的廊道（图 2-26）。还可基于 DEM 数据获取流域和水系。

图 2-26 确定最佳廊道

2.6 分 享

GeoScene Pro 提供与他人分享工作内容及成果的三种方式：导出地图、共享包、共享 Web 图层。

1. 导出地图

创建地图或布局后，可以将其导出为文件与他人共享。此方式无须提供数据。有 12 种导出文件类型可用，包括矢量格式和栅格格式。矢量格式包含 AIX、EMF、EPS、PDF、SVG 和 SVGZ，它们支持矢量和栅格数据的混合。栅格格式包含 BMP、JPEG、PNG、TIFF、TGA 和 GIF，它们仅为栅格导出格式。

每种格式都具有可以在导出之前设置的不同属性。例如，PDF 提供了增强的安全选项，并且所有矢量格式都支持使用输出为图像选项来栅格化所有数据。

2. 共享包

包（package）是包含 GIS 数据的压缩文件。与其他任何文件一样，包可通过电子邮件、网盘等方式进行共享。GeoScene Pro 工程包（.ppkx）包含了所有地图及其图层引用的数据、文件夹链接、工具箱、地理处理历史记录和附件的文件。工程包和将此工程生成压缩文件（.rar）的区别在于，工程包支持 Pro 版本的选择，并且 GeoScene Pro 可以直接读取工程包。除了工程包外，GeoScene Pro 还支持创建地图包（.mpkx）、图层包（.lpkx）、切片包（.tpk）、矢量切片包（.vtpk）、场景图层包（.slpk）、地理处理包（.gpkx）、深度学习模型包（.dlpk）、移动地图包（.mmpk）、定位器包（.gcpk）。

3. 共享 Web 图层

将图层和地图发布为 Web Layer、Web Map、Web Scene，通过浏览器或移动设备就可以轻松访问和使用地图资源。共享 Web 图层需要 GeoScene Enterprise 平台，并且具备创建、更新和删除内容的权限账户。

GeoScene Pro 支持的 Web 图层类型包括要素、切片、矢量切片、地图、影像、场景和高程。场景和高程图层共享三维数据，其他类型共享二维数据。

第 3 章　服务器产品 GeoScene Enterprise

加拿大不列颠哥伦比亚大学地理系教授布莱恩·克林肯伯格（Brian Klinkenberg）[1]在回顾 GIS 的发展历程时曾经说过这么一段话："现代社会，空间数据已变为我们生活中不可分割的一部分，近八成数据包含空间信息或与空间信息有联系。数码形态的空间数据已经成为一种宝贵的商品，在社会的各个层面起着举足轻重的作用。现在的我们已经很难想象在大约 60 年前，地理信息系统还只是一个模糊的概念。"

自 20 世纪 60 年代以来，在被誉为"GIS 之父"的罗杰·汤姆林森（Roger Tomlinson）为加拿大政府开发出世界第一个利用计算机辅助制图与分析的加拿大地理信息系统（CGIS）之后，GIS 的形态从最初单一形式的部署于本地（工作站）的基于文件系统的软件，逐渐扩展出一些新的形态，如采用中央数据库加多服务器 / 客户端的部署形态。在 20 世纪 90 年代，随着万维网（world wide web）的诞生，一些公司开始积极尝试将万维网和地理信息技术结合起来。1993 年，施乐（Xerox）公司帕罗奥多研究中心首次推出在线制图网页，标志着 WebGIS 时代的到来。到 21 世纪，随着分布式部署和分布式计算的概念在计算机科学领域的逐步落地，该项技术也被迅速引入 WebGIS 中，分布式的基于云架构的 GIS 服务逐渐成形并被广泛运用于社会的各个层面。

3.1　什么是 WebGIS？

简而言之，WebGIS 是 GIS 与网络的结合。传统的工作模式，用户需要在存储 GIS 内容的工作站上读取和处理 GIS 数据，而 WebGIS 允许用户通过局域网或万维网以远程链接的方式访问存储在单个 GIS 服务器上或包含多站点的企业级 GIS 平台上的 GIS 数据和内容。这样做的好处有以下几点[2]：

（1）相较于传统的工作站模式，WebGIS 支持多用户同时对数据进行读取和处理。同一机构内或项目组中的不同成员，可通过使用不同的终端访问、操作同一份数据。

（2）可充分利用分布式服务器带来的性能上的巨大改善。任何服务器的性能都是有极限的，面对海量的互联网访问需求，一台服务器或者一个 CPU 是不可能承担的。采用分布式服务器，就能利用多个 CPU、多台服务器来分担负载，带来性能上的巨大改善。

（3）可大范围共享地理信息。通过 WebGIS 能无障碍地将内容在组织内分享或将内容共享至全球范围。

（4）可支持大量用户访问。可伸缩的云 GIS 服务能够支持大量用户，甚至数以百万计的用户同时访问。

（5）单用户成本低。相较于传统模式下开发应用于桌面版本的 GIS 程序再为每个用户安装使用，开发基于 WebGIS 的程序的成本更低。

（6）更好的跨平台支持能力。基于 WebGIS 开发的程序，特别是使用 JavaScript 开发的 Web 程序，可以在桌面端或移动端使用，拥有良好的跨平台能力。支持采用 Windows、Mac OS 和 Linux 操作系统的桌面端使用，也支持采用 iOS、Android 操作系统的移动端使用。

（7）基于 WebGIS 的应用程序相较于基于桌面端的应用程序更加轻量化。这些应用程序在设计之初就考虑到大部分用户是非 GIS 从业人员，所以一般采用了比桌面端应用更简洁的设计和更直观的用户界面，方便用户在没有太多 GIS 专业背景的情况下能快速上手，使用应用程序完成任务。

（8）基于 WebGIS 的应用程序更易于维护。相较于传统模式下，每次升级都需要重新创建新版的应用程序并分发给用户进行安装使用，用户每次访问基于 WebGIS 的应用程序时，获取的都是最新的数据。程序的维护更加便捷。

WebGIS 去除了距离限制，使得创作者创建的各种 GIS 程序能够通过网络被世界上各个地区的人无障碍地访问到，满足了新时代人们对地理信息数据高效便捷地获取与分析的新需求。

3.2　GeoScene Enterprise 产品简介

GeoScene Enterprise 是基于 WebGIS 的新一代服务器产品，是在用户自有环境（私有云）中打造地理信息云平台的核心产品。它提供了强大的空间数据管理、分析、制图可视化与共享协作能力。

作为企业级的地理信息云平台核心产品，GeoScene Enterprise 首先需要提供强大的数据分发与共享能力。GeoScene Enterprise 以 Web 为中心，使得任何角色、任何组织在任何时间、任何地点，都可以通过各种终端（桌面、Web、移动设备）访问地图和应用，获得、分享地理信息。与此同时，GeoScene Enterprise 还拥有强大的协作能力与安全性，为用户提供简单高效的方式来发布、分享内容和数据，同时确保操作过程的安全性。

在强大的数据分发与共享能力的基础上，GeoScene Enterprise 还具备强大的 GIS 数据处理、分析能力。用户可以基于服务器进行在线数据处理与编辑、制图可视化、空间分析、矢量/栅格大数据分析以及实时数据的持续接入与可视化和分析。GeoScene Enterprise 在提供人性化的用户交互以协助用户采集和管理数据的同时，还拥有众多的高级空间分析功能。

一个好用的企业级地理信息云平台还需要打通和桌面端 GIS 软件，以及部署在公有云上的地理信息云平台之间的壁垒。GeoScene Enterprise 作为 GeoScene 产品线的中坚力量，可与 GeoScene 桌面端产品 GeoScene Pro 无缝对接。当用户使用 GeoScene Pro 完成了 GIS 数据处理分析或者完成了一幅地图的制作后，下一步可以将工作成果发布或者是分享至 GeoScene Enterprise 或是 GeoScene Online，发布后的成果可转化为地图服务或要素服务被组织内或公有云上的其他人使用。我们的愿景是用户能将 GeoScene Enterprise 视为日常 GIS 工作流中的一个过程节点，而不是将 GIS 工作流从传统的桌面端 GIS 软件整体迁移至 GeoScene Enterprise 产品中。

GeoScene Enterprise 提供灵活的配置方案。根据功能不同，GeoScene Enterprise 划分为基础版、标准版和高级版。在部署时，用户可选购不同版本的 GeoScene Enterprise，或根据业务需求选购可选服务器，真正做到每一套部署的 GeoScene Enterprise 都是为用户量身定做的。

GeoScene Enterprise 产品以全新方式开启了地理空间信息协作和共享的新篇章，使得 WebGIS 应用模式更加生动鲜活。

3.3 GeoScene Enterprise 产品组成

GeoScene Enterprise 包含多个组件，构建一个具备基本功能的地理信息云平台，需至少包含 GeoScene GIS Server、GeoScene Data Store、GeoScene Portal 和 GeoScene Web Adaptor 四个组件（图 3-1）。

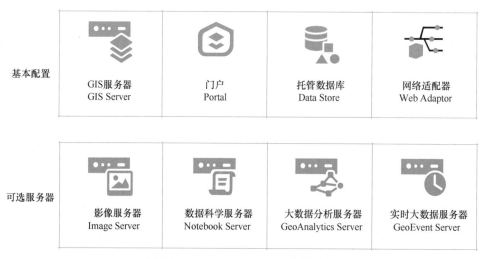

图 3-1　GeoScene Enterprise 产品组成

除以上基本组件之外，GeoScene Enterprise 还提供可选的服务器，以扩展平台能力。GeoScene Enterprise 提供大数据分析服务器 GeoAnalytics Server、影像服务器 Image Server，用于扩展矢量大数据分析、栅格大数据分析以及海量遥感影像管理与处理等能力。GeoScene Enterprise 还提供具有交互式分析建模能力的大数据分析服务器

GeoAnalytics Server，面向实时数据处理与计算工作流的实时大数据服务器 GeoEvent Server，面向数据科学家等角色打造的用来满足基于空间数据进行数据处理、建模、挖掘与在线分析的交互式 Python 开发环境 Notebook Server。

3.4　GeoScene Enterprise 核心部件

3.4.1　核心部件之 GeoScene GIS Server

1. GeoScene GIS Server 概述

GeoScene GIS Server 是一款可以独立部署的服务器产品，可以将地理信息资源、GIS 功能转化为在线服务。这些资源与功能包括矢量数据、栅格数据、BIM 数据、实景三维数据、其他三维模型数据、表格数据、文本、非结构化数据等，GIS 功能涵盖地理制图、地理处理、要素编辑、网络分析、OGC 支持、数据访问、移动端数据提取等。这些在线数据和功能可以供用户通过桌面、Web、移动等多客户端使用。

GeoScene GIS Server 是 GeoScene Enterprise 的核心组件，作为云 GIS 平台的托管服务器，是云 GIS 平台不可缺少的服务器产品。

2. GeoScene GIS Server 架构

GeoScene GIS Server 采用站点模型，通过松散的、热插拔式点对点的方式，灵活控制和管理各个 GIS Server 节点，GeoScene GIS Server 站点包含以下组件：

1) GIS 服务器

GIS 服务器用于托管 GIS 资源（如地图、地理处理工具和地址定位器等），并将它们作为服务呈现给客户端应用程序。当客户端应用请求某种特定服务时，GIS 服务器对该请求产生响应并将其返回到客户端应用。GIS 服务器可以是一台计算机，也可以是多台计算机。GIS 服务器可以配置集群，每个集群专注于运行某项工作，以高效稳定处理多并发请求。

2) Web Adaptor

Web Adaptor 用于连接 GIS 服务器和现有的企业级 Web 服务器。Web Adaptor 通过 URL（通过用户选择的端口和网站名称）接收 Web 服务请求并将这些请求发送到站点中的 GIS 服务器，也可以通过 HTTP 负载均衡器、网络路由器或第三方负载均衡软件来公开站点。在某些情况下，Web Adaptor 更加适合与现有负载均衡方案联合使用。

3) Web 服务器

Web 服务器用于托管 Web 应用程序，并为 GeoScene GIS Server 站点提供可选的安全和负载均衡能力。如果用户只需要托管 GIS 服务，则可使用安装 GeoScene GIS Server 后创建的站点。如果不只是简单的托管服务，还需要使用用户所在组织的现有 Web 服务器，则可安装 Web Adaptor。使用 Web Adaptor 可以将 GeoScene GIS Server 站点与 IIS、WebSphere、WebLogic 以及其他 Web 服务器集成在一起。

4) 数据服务器

用户可以选择直接将数据放置到每个 GIS 服务器上，也可以存储到统一的中心地理数据库（如共享的网络文件夹或企业级地理数据库）中。无论选择哪一种，这些数据都可以作为 GIS 资源以服务的形式发布到 GeoScene GIS Server 上。

GeoScene GIS Server 站点架构如图 3-2 所示。

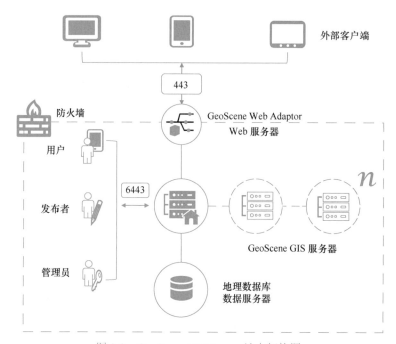

图 3-2　GeoScene GIS Server 站点架构图

3. GeoScene GIS Server 服务

将 GIS 资源发布为服务是使该资源可供其他用户使用的关键。根据资源类型的不同，资源可被发布成不同类型的服务。用户可通过不同类型的客户端经由发布的服务实现对 GIS 资源的访问和管理。

表 3-1 总结了不同版本的 GeoScene GIS Server 可发布的服务类型。

下面详细介绍 GeoScene GIS Server 中的核心服务。

1) 地图服务

地图服务是一种使用 GeoScene Pro 来发布地图以实现通过网络对地图进行访问的

表 3-1　**GeoScene GIS Server 服务类型**

服务类型	高级版	标准版	基础版
缓存的地图和影像服务	●	●	—
动态地图服务	●	●	—
要素服务	●	●	—
要素服务（只读）	●	●	●
地理数据服务	●	●	●
几何服务	●	●	●
地理处理服务（GP 服务）	●	●	—
影像服务 – 来自单个栅格	●	●	—
影像服务 – 来自镶嵌数据集*	●	●	—
网络分析服务	●	○	—
宗地结构服务	●	●	—
打印服务	●	●	—
逻辑示意图服务	●	●	—
公共设施网络服务	●	●	—

*来自镶嵌数据集的影像服务需要Image Server许可。
注：●此服务已包含；○此服务需额外购买。

方法。首先需要使用 GeoScene Pro 制作地图，然后将地图作为服务发布到 GeoScene GIS Server 站点上。之后，局域网或互联网中的用户便可通过 Web 应用程序、GeoScene Pro 以及其他客户端访问此地图服务。

通过地图服务，地图、要素和属性数据可在多种类型的客户端中使用。地图服务一种最常见的应用是以地图缓存切片的方式为在线地图提供商提供地理底图。

（1）GeoScene Enterprise 支持创建地图缓存。

地图缓存是使地图和影像服务更快运行的一种非常有效的方法。创建地图缓存（图 3-3）时，服务器会在若干个不同的比例级别上绘制整个地图并存储地图图像的副本。之后，服务器可在客户端请求使用地图时分发这些图像。对服务器而言，每次请

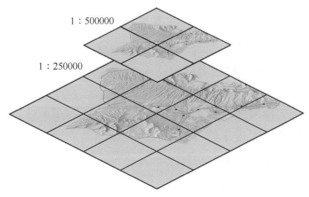

1：500000

1：250000

图 3-3　地图缓存

求使用地图时，返回缓存的图像要比绘制地图快得多。使用地图缓存的还有一个优势，即图像的详细程度不会对服务器分发副本的速度造成显著影响。

地图缓存保存了一系列比例尺下的地图数据，每个比例尺对应一定详细程度和分辨率的地图信息。在构建应用之前，一个好的设计首先要确定使用哪些比例尺，以及包含何种详细程度的地图信息。GeoScene Pro 和它所包含的按比例的地图显示功能可以用来生成和维护高性能的地图缓存。

GeoScene GIS Server 提供了完全可视化的地图缓存定义体验，如会自动检查地图比例尺，并建议最小和最大切图比例尺，提供滑动条来调整该范围；创建切片可以在服务发布后自动创建，也可以在服务发布后手动创建，更加灵活自由；切片图片支持多种格式，如 PNG、PNG8、PNG24、PNG32、TPK、TPK2.0 等，在不影响可视化质量的前提下可减少缓存占用空间。除此之外，GeoScene GIS Server 还提供切片占用空间估算工具，可以进行近似估算，也可以进行精确估算，同时提供使用要素类估算感兴趣区域的切片大小。

GeoScene GIS Server 还提供预配置的 Caching Tools GP 服务，通过它来创建缓存切片。该服务在创建站点时已经配置好，可以将它运行于某个集群中，从而提高服务响应效率。另外，GeoScene GIS Server 还提供查看切片完成状态、切片状态空间统计报表等功能，使用户可以对切片创建过程有所把握，并进行精细控制与管理。

（2）GeoScene Enterprise 支持重采样。

重采样会根据服务器上生成的最接近的详细级别，在尚未以该比例生成切片的地图区域中新建缓存，以此来节省加载地图时生成缓存占用的磁盘空间，以及提高加载地图的速度，对缓存的地图服务和影像服务都适用，默认情况下重采样处于禁用状态。

为了节省生成缓存所占用的磁盘空间和时间，有时可能选择不在缓存服务中包含特定比例尺的某些地图区域。例如，如果服务提供某个城市的信息，那么可将农村地区的比例尺进一步缩小。对于这些缓存块稀疏或不可用的地图区域，用户可以选择在较低级别重采样现有缓存。

（3）可扩展的地图服务功能。

地图服务作为常用的 GeoScene GIS Server 服务之一，可用于以下几种场景：

a. 提供要素。

地图服务并不总是需要显示图像。建立地图服务的目的还可以是在应用程序中返回一组要使用的要素。用户可以通过应用程序中的某些功能来查询这些要素。

b. 提供网络分析功能。

用户可以通过地图服务来执行网络分析。如果用户创建的地图文档中包含网络分析图层，则用户在发布地图服务时可启用网络分析功能。设置完成后，用户便可以在使用 GeoScene GIS Server 开发的应用程序中执行网络分析操作。

c. 通过 KML（keyhole markup language）提供地图或要素。

KML 是 OGC 和 Google 公司的一种基于 XML 规范用于描述和表达地理数据的开

放式文件格式。KML 通常用于描述在地理信息浏览器中显示叠加的地图或要素（如点、线、多边形、图像和三维模型等），KML 中的属性有时会在弹窗中显示。默认情况下，所有地图服务均可返回 KML。

d. 提供符合 OGC 规范的图像、要素或栅格。

开放地理空间信息联盟（OGC）制定了在 Web 上提供地图图像（WMS）、矢量要素（WFS）、栅格数据集（WCS）和 Web 地图切片（WMTS）等服务的规范。一些组织可能会规定其组织发布的地理数据和地图必须符合这种规范。GeoScene GIS Server 中的地图服务可配置为返回符合 OGC 规范的图像或数据。

e. 提供移动设备所需的地图。

用户可对地图服务进行配置，从而使外业工作人员能够将地图中的数据提取至移动设备。发布地图时，用户可以选择 “移动数据访问” 功能。这样，移动设备便可通过 Web 服务来访问该地图。

2) 影像服务

影像服务可以将影像和栅格快速发布成 Web 服务，它可以用于可视化分析。影像服务数据源可以是栅格数据集（来自磁盘上的地理数据库或文件）、镶嵌数据集、镶嵌数据集图层文件和栅格数据集图层文件。

影像服务能够定义实时动态处理能力，如正射校正、全色融合、山体阴影及波段运算。它们也可用于执行处理，无须预处理就可将原始影像转换为不同产品。同一影像源可以生成多种影像产品。影像服务可以通过影像服务 API 来进行访问。

一个影像数据集，除了可以发布成影像服务类型（影像服务和 WCS）之外，还可以发布成地图服务和 WMS。影像类型的服务特点在于，它不仅把影像服务作为一个图片进行加载，还保留了很多影像数据特有的信息，如多波段信息等，表 3-2 为不同类型的影像信息服务能力的区别。

表 3-2　不同类型的影像信息服务能力的区别

功能	详细信息
影像服务	• 始终启用。允许显示影像 • 通常在服务器端进行渲染（GeoScene Pro 可在客户端进行渲染） • 可用于显示或分析 • 多种高级功能：查询、动态处理、查看轮廓、预览每个栅格、下载和添加。每个功能都通过影像服务参数设置和影像功能的允许操作设置来控制 • 可以启用或禁用影像服务的以下操作： 　目录：允许客户端打开镶嵌数据集表 　下载：允许从镶嵌数据集中下载栅格 　编辑：允许客户端在镶嵌数据集中添加、更新或删除栅格 　测量：允许客户端执行各种测量操作 　元数据：允许客户端查看镶嵌数据集中各个栅格的元数据信息 　像素：允许客户端访问影像服务栅格的原始像素块 　上传：允许客户端上传栅格文件
WCS	• 发布影像服务时，可选择性启用 • 允许访问影像数据 • 在客户端进行渲染（由应用程序执行） • 可用于显示或分析

续表

功能	详细信息
WMS	• 发布影像服务时，可选择性启用 • 允许访问图片形式的影像（OGC 标准） • 在服务器端进行渲染 • 可用于显示
地图服务	• 发布影像服务时，可选择性启用 • 允许访问图片形式的影像 • 在服务器端进行渲染 • 可用于显示

影像缓存服务，可以通过创建影像缓存实现高效显示。一般来说，为栅格数据集构建的金字塔或为镶嵌数据集生成的概视图可确保以较快的速度加载影像数据。但是，如果用户预计某一感兴趣区域影像将被重复多次访问，可使用影像缓存服务来加快影像的分发效率。

用户可以直接对影像服务进行缓存，也可以对包含栅格数据或影像服务的地图服务或场景服务进行缓存。

3) 矢量切片服务

通俗地讲，矢量切片就是将矢量数据以建立金字塔的方式，像栅格切片那样分割成一个个描述性文件，以 GeoJSON、TopoJSON、MapbBox Vector Tile（MVT）或 pbf 等自定义格式进行组织，然后在前端按需请求不同的矢量瓦片数据进行 Web 绘图。

GeoScene 的矢量切片是利用协议缓冲（protocol buffers）技术的紧凑二进制格式来传递信息。被组织到矢量切片的图层（如道路、水、区域），每一层都有包含几何图形和属性的独立要素（如姓名、类型等）。当渲染地图时，前端通过解析样式动态渲染矢量切片数据。矢量切片包含多种比例下数据的矢量表达。不同于栅格切片，矢量切片能够适应显示设备的分辨率，并可以改变样式以适用于多种用途。

矢量切片是一种地图服务格式，矢量数据通过 GeoScene Pro 的矢量切片包发布到链接的 GeoScene Portal 上，从而在 GeoScene Portal 托管的 GeoScene GIS Server 上增加了一个矢量切片的服务。这个服务可以在 GeoScene Portal 上浏览，也可以被 JavaScript API、Runtime SDKs 等调用。

4) 要素服务

要素服务能帮助用户通过局域网与互联网向内部和外部客户提供要素数据和非空间表。要素服务发布后，用户可在客户端执行查询操作以获取要素并执行相应的编辑操作。要素服务提供了可用于提高客户端编辑体验的模板。除此之外，要素服务也可以对关系类和非空间表中的数据进行查询和编辑。GeoScene Enterprise 支持从 GeoScene Pro 等多个客户端直接发布托管要素服务，之后用户可使用网页端或桌面端（GeoScene Pro）访问该服务。通过要素服务为客户端提供矢量数据如图 3-4 所示。

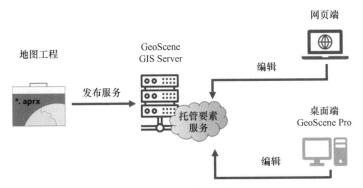

图 3-4　通过要素服务为客户端提供矢量数据

将要素服务发布到 GeoScene GIS Server，只需在发布地图服务时启用要素访问功能，启用后会生成用于访问要素服务的 URL。要素服务的生命周期与地图服务的生命周期保持一致，如果关闭了地图服务，则要素服务也会随之关闭。

5) 场景服务

场景服务是 GeoScene GIS Server 的一种在线三维场景服务。通过在线场景服务向 Web 端和组织机构分享三维内容。Web 场景与 Web 地图概念相似。Web 地图通过二维地图或要素服务实现，而 Web 场景则需要通过三维场景服务实现，并可以访问 GeoScene Pro 创建的三维内容。使用 Web 场景的客户端包括 GeoScene Portal 和 Scene Viewer。多个客户端访问三维场景地图如图 3-5 所示。

图 3-5　多个客户端访问三维场景地图

6) 地理处理服务

用户可通过发布在万维网上的地理处理服务来使用 GeoScene 强大的地理分析功能。地理处理服务由一个或多个地理处理任务构成，地理处理任务简单来说是一个运行在服务器上的地理处理工具，它通过服务器来管理执行和输出。地理处理结果被发布为地理处理服务后，会通过原工具自动创建一个对应的地理处理任务。任务是基于

Web 的 API（如 JavaScript）使用的一个术语，用于描述在服务器上执行工作并返回结果这一例程。地理处理任务的基本工作流程为读取从 Web 应用程序中获取的简单数据，对其进行处理，然后以要素、地图、报表或文件的形式返回有意义的输出。

7) 地理数据服务

地理数据服务允许用户使用 GeoScene GIS Server 通过局域网（LAN）或万维网访问地理数据库。该服务可以执行地理数据库复制操作、通过数据提取创建副本并在地理数据库中执行查询。GeoScene 支持为企业级地理数据库和文件地理数据库添加地理数据服务。

地理数据库复制是 GeoScene 提供的一种数据分布方法。地理数据库复制可通过复制所有或部分数据集在两个或更多地理数据库之间分布数据。复制数据集后，会同时创建一对复本：一个复本位于原始地理数据库；另一个相关复本被分布到不同的地理数据库。可以将这些复本在其各自地理数据库中发生的更改进行同步，以使一个复本中的数据与其相关复本中的数据相符。

地理数据库复制建立在版本化环境基础之上，并支持完整地理数据库数据模型，包括拓扑、网络、地形和关系等。在此异步模型中，复制为松散耦合形式，也就是说，每个复制地理数据库可以独立工作，但所有更改仍可同步进行（图 3-6）。由于它是在地理数据库级别实现的，所以涉及的 DBMS 可以不同。例如，一个复本地理数据库可建立在 SQL Server 基础上，而另一个复本地理数据库则可以建立在 Oracle 基础上。

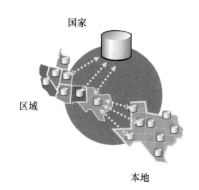

图 3-6　地理数据服务可以用于在多个分布式地理数据库间进行同步更新

地理数据库复制既适用于在线环境，也适用于离线环境。它可以与本地地理数据库链接以及与地理数据服务器对象配合使用，从而允许用户访问 Internet 上的地理数据库。

通过数据分布可以缓解服务器争用以及对中央服务器的网络访问速度慢的情况，从而提高数据可用性与性能，这有助于企业在执行编辑的用户与访问服务器以进行读取操作的用户之间实现地理数据库负载均衡。当我们管理分布在不同位置的地理数据库时，地理数据服务显得尤为重要。例如，自然资源部想在国家和各省区市的地理数据库之间实现数据同步，一旦该数据库建立，省区市级国土部门便可以将地理数据库在 Internet 上发布为地理数据服务。我们就可以通过地理数据服务定期在 Internet 上进行同步更新，在两个数据库服务器间共享变化的部分。

8) 网络分析服务

网络分析服务允许用户对交通网络执行多种类型的空间分析，如在整个城市范围内查找最佳路线、查找最近的急救车辆或设施点、识别某一地点周围的服务区，或为交付货物的车队规划合理的路径。

由于网络分析服务在 GeoScene GIS Server 上运行，用户可在 Web 上使用网络分析工具，并且这些工具支持多用户同时使用。网络分析服务所提供的体验类似于 GeoScene Pro 中提供的用于在交通网络上执行分析的工具。

运行网络分析服务需要事先构建作为分析执行依据的网络数据集。网络数据集可通过对交通规则（如针对单行道、转弯限制、天桥和隧道的规则）进行编码来为交通网络建模。网络数据集可存储在地理数据库中，地理数据库可以是文件地理数据库、存储在磁盘上的移动地图包或企业级地理数据库。

网络分析服务支持以下六种类型的分析：

(1) 路径服务：可用于查找从一个位置到另一个位置或访问多个位置的最佳路径。

(2) 最近设施点服务：查找距离事故地点最近的医院、距离犯罪现场最近的警车，以及距离客户地址最近的商店等，这些都是可使用最近设施点服务来解决问题的示例。

(3) 服务区服务：可以查找在给定行驶时间或行驶距离内从输入位置到达的区域。

(4) 车辆配送服务：各类组织都可能调配一支车队来为多个停靠点提供服务。每个组织都需要确定各条路径（货车或监督员）所需服务的停靠点（住所、饭店或监督地点）及其对各停靠点的访问顺序。决策制定的主要目标是为各停靠点提供最佳服务并使车队的总体运营成本最低。车辆配送服务可为此类复杂车队管理任务提供解决方案。

(5) 位置分配服务：有助于基于与需求点的潜在交互信息来从一组设施点中选择需要操作的设施点。

(6) 起点 - 目的地成本矩阵服务：可帮助用户创建从多个起点到多个目的地的起点 - 目的地（OD）成本矩阵。OD 成本矩阵是一个包含成本（如从每个起点到每个目的地的行驶时间或行驶距离）的表文件。OD 成本矩阵服务的结果通常会成为其他空间分析的输入，在这些空间分析中，沿交通网络行驶的成本比直线成本更适合分析。例如，预测城市中的人员流动更适合采用交通网络成本模型，因为行人一般只使用道路和人行道。

9) KML 服务

KML 是一种基于 XML 的文件格式，可用于表示应用程序中的地理要素。KML 允许用户在地图与球面上绘制点、线和面，并与他人共享这些信息。用户也可使用 KML 来指定文本、图片、视频或者用户单击要素后出现其他的 GIS 服务的链接。许多 KML 客户端应用程序都是免费的，可提供以用户为导向的导航体验。

使用 GeoScene GIS Server，用户可通过多种方式将地图与数据共享为 KML：

(1) 地图与影像服务通过表述性状态转移（REST）显示 KML 网络链接。

(2) 可以使用管理器或服务目录来创建用户自己的 KML 网络链接。

(3) 当用户查询地图图层或者通过 REST 进行地理处理操作时，可以获得 KML 形式的结果。

10) OGC 服务

开放地理空间信息联盟（OGC）Web 服务能够使地图和数据以国际公认的开放格式共享到 Web 上。OGC 定义了相关规范，安装支持此规范的客户端应用程序的任何人均可在 Web 上使用地图和数据。所有开发人员均可免费使用 OGC 规范来创建此类受支持的客户端。某些情况下，客户端可能如同 Web 浏览器一样简单。其他情况下，它可能是如同 GeoScene Pro 一样强大的客户端。

OGC 定义了多种服务类型，分别用于提供不同类型的数据和地图。GeoScene Enterprise 允许发布以下类型的 OGC 服务：

(1) Web 地图服务（WMS），用于以地图图像的方式提供一组图层。

(2) Web 地图切片服务（WMTS），用于以缓存地图切片的形式提供地图图层。

(3) Web 要素服务（WFS），用于以矢量要素的形式提供数据。

(4) Web 栅格服务（WCS），用于以栅格 coverage 的形式提供数据。

(5) Web 地理处理服务（WPS），用于提供地理空间处理功能。

可通过对特定类型的 GeoScene GIS Server 服务启用相应的功能来发布上面这些服务。创建服务时，用户必须显式启用 OGC 功能；默认情况下它们并未启用。

表 3-3 列出了支持 OGC 服务的 GIS 服务。

表 3-3　支持 OGC 服务的 GIS 服务

服务类型	WCS	WFS	WMS	WMTS	WPS
地图服务	√	√	√	√	
地理数据服务	√	√			
影像服务	√		√	√	
地理处理服务					√

11) 几何服务

GeoScene GIS Server 提供预配置的、可部署的几何服务，用于执行几何计算，如缓冲区、简化、面积长度计算，以及投影等。此外，Web API 构建 Web 应用可以通过 REST 方式引用该几何服务，以提供几何计算功能。

12) 逻辑示意图服务

逻辑示意图服务允许 Web 应用程序通过 Web 服务访问逻辑示意图。此服务允许用户访问、创建、更新和编辑逻辑示意图。

此服务通常在电力、通信、市政管线、石油等设施管理类中应用较多。一方面，用户可以将各类设施网络数据在一定的坐标系统中按照实际的空间位置生成严格意义上的地图专题图层，这种数据对网络规划、设施维护、故障定位、客户服务等与空间位置相关的应用，特别是在空间分析方面特别有用；另一方面，针对设施网络的规划和管理人员在实际工作中只关心网络的逻辑关联关系，而忽略其对应的实际地理位置的情况，此服务可方便、高效地生成与地理图相应的逻辑示意图，用户可在地理图和逻辑示意图之间自由关联和切换。

3.4.2　核心部件之 GeoScene Portal

GeoScene Portal 是地理信息云平台的门户，也是连接组织机构中的用户与 GIS 服务器资源和工具的一个界面友好的网站。通过该门户，用户可以便捷地发现和使用组织机构中的 GIS 资源，并基于角色模型对各种内容进行精细化的访问控制；实现多维内容的管理和整合，将多元业务数据以地图为中心的方式进行管理。该门户还提供了强大的制图和应用创建功能，通过内置的智能制图技术和多种制图模板，可以将多元业务数据快速上图，并内置了多种即拿即用的应用程序模板（地图故事等）和应用程序构建工具（Web AppBuilder）来创建 Web 应用，而无须代码编程。GeoScene Portal 还提供了门户间的协作共享机制，可以实现组织机构内部，以及跨部门、跨行业间的协同分享。

下面详细介绍 GeoScene Portal 的核心功能。

1. 多维内容管理和整合

GeoScene Portal 为用户提供了一个企业级 GIS 资源管理平台，可以将企业的 GIS 数据资源、GIS 应用资源、GIS 功能资源统一进行管理；通过 Web Map 和 Web Scene 实现多源业务数据的整合，解决了跨业务系统的数据集成；提供了灵活的群组机制，可按组织架构或者项目需要创建和管理群组，实现资源在群组内部的共享，实现更加科学、更加高效的精准化管理。

简单来说，GeoScene Portal 管理的资源有多种类型（图 3-7），文件型的有 Shapefile、CSV、ZIP、PDF、JPG、MPK、GPK、TPK、MMPK、VTPK 等各种格式，图层类型包括托管的要素图层、非托管的要素图层、影像图层、场景图层等，以及多图层组合的信息产品 Web Map 和 Web Scene，应用型资源包括 Operations Dashboard 创建的仪表盘、Web AppBuilder 创建的 Web 应用等。

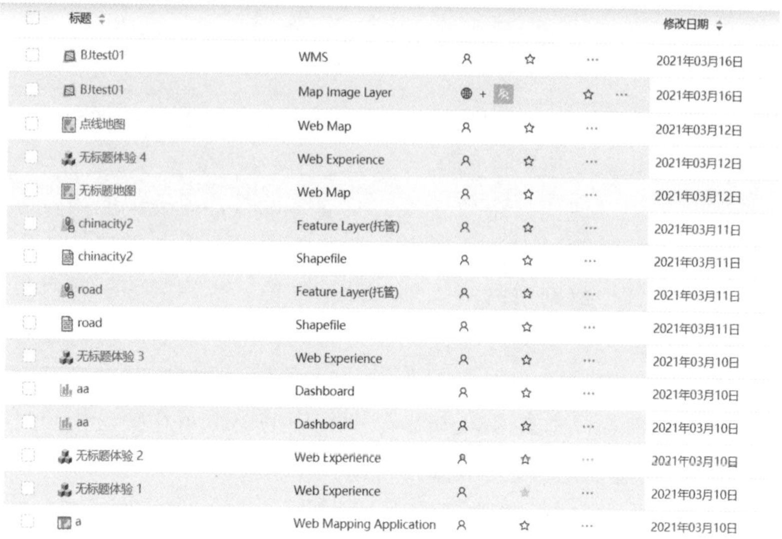

标题					修改日期
BJtest01	WMS			···	2021年03月16日
BJtest01	Map Image Layer			···	2021年03月16日
点线地图	Web Map			···	2021年03月12日
无标题体验 4	Web Experience			···	2021年03月12日
无标题地图	Web Map			···	2021年03月12日
chinacity2	Feature Layer(托管)			···	2021年03月11日
chinacity2	Shapefile			···	2021年03月11日
road	Feature Layer(托管)			···	2021年03月11日
road	Shapefile			···	2021年03月11日
无标题体验 3	Web Experience			···	2021年03月10日
aa	Dashboard			···	2021年03月10日
aa	Dashboard			···	2021年03月10日
无标题体验 2	Web Experience			···	2021年03月10日
无标题体验 1	Web Experience			···	2021年03月10日
a	Web Mapping Application			···	2021年03月10日

图 3-7 GeoScene Portal 可管理多种类型的资源

2. 智能的二维和三维在线制图

GeoScene Portal 提供基于数据驱动的智能制图流程、强大的在线制图工具，以及大量的专题图模板，可以对数据进行智能筛选和分析，自动匹配最适应的专题图模板，实现自动化制图表达，使得普通用户无须专业的制图知识即可快速制作出包含业务功能的专题地图。同时，GeoScene Portal 提供了制图模板的精细化调整能力，为专业 GIS 用户提供更深入、更专业的制图选择。

GeoScene Portal 目前提供了两种地图查看器：新版地图查看器提供更流畅、实时性更好的制图体验；经典版地图查看器能支持更多的分析功能和数据格式，满足不同用户不同场景的二维制图需求。

新版地图查看器界面如图 3-8 所示。

经典版地图查看器界面如图 3-9 所示。

GeoScene 的智能制图不仅表现在二维制图上，更是将这种广受关注的智能制图能力移植到了三维端（图 3-10），例如，用户可以使用建筑物图层中的建筑物属性，用"计数和数量"模板来驱动颜色渐变；用户可以直接在场景查看器中，根据点云的数据属性，如海拔、密度、类别代码或者真实颜色等，将样式应用到点云图层中。

3. 强大的空间分析能力

GeoScene Portal 集成了丰富且强大的标准空间分析工具、用于矢量大数据的分析工具（GeoAnalyticsTools），以及用于栅格大数据的分析工具（RasterAnalysisTools），使得用户可以在私有环境中对数据进行挖掘分析，了解数据背后隐含的价值及趋势。用户可根据数据大小、类型及要完成的分析来决定使用哪种类别的分析工具。

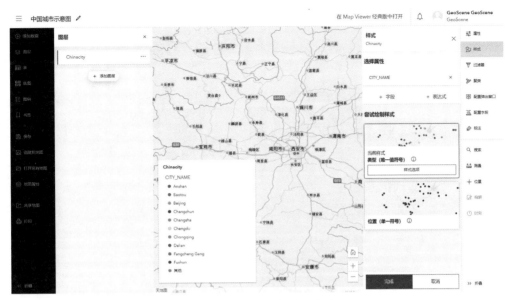

图 3-8　新版地图查看器界面

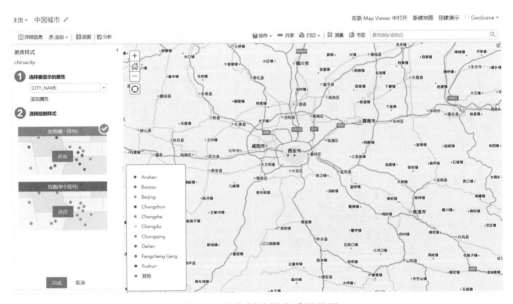

图 3-9　经典版地图查看器界面

其中，标准空间分析工具涵盖汇总数据、查找位置、分析模式、邻近分析以及管理数据五大类，标准空间分析工具近 30 个（表 3-4）。

除以上工具外，用户根据业务需要，可以通过 GeoScene Pro，使用 Pro 中包含的数百上千种空间分析模型，或者使用 ArcPy 扩展工具，将自定义的工具和模型发布到 GeoScene Portal 中，直接在 GeoScene Portal 分析界面中调用，方便实现 GeoScene Portal 分析能力的灵活扩展。

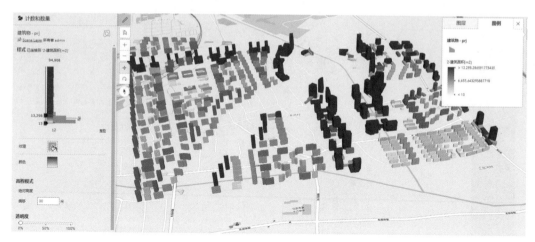

图 3-10 三维场景查看器

表 3-4 标准空间分析工具

工具集	工具	描述
汇总数据	聚合点	该工具使用点要素图层以及面要素图层确定各区域内的点并计算各区域内所有点的统计数据。例如，给定犯罪事件的点位置并计算每个县或其他行政区的犯罪数；按行政区划查找特许经营位置的最高收入和最低收入
	连接要素	该工具可基于空间和属性关系将属性从一个图层或表转移到另一图层或表中。例如，将公共边界或人口统计信息追加到事件数据；识别已知位置的最近设施点；确定位于洪泛区域内的住宅数；识别不同野生动物物种的共同栖息地
	邻近汇总	该工具可用于在输入图层中查找处于指定要素一定距离内的要素。可以沿直线或出行模式的可行路径测量距离。然后，计算邻近要素的统计数据。例如，计算在建议的新商店位置 5 分钟车程内的总人口数；计算在建议的新商店位置 5 分钟车程内的高速公路匝道数，以便评估商店的可达性
	范围内汇总	该工具可用于查找两个图层的叠加区域（和部分区域）并计算叠加区域的统计数据。例如，给定流域图层和按土地使用类型划分的土地使用区域图层，计算每个流域的土地使用类型的总面积；已知县内宗地的图层和城市边界图层，汇总各城市内闲置宗地的平均值
	汇总中心和离差	该工具使用点要素来计算中心要素、平均中心、中位数中心或椭圆（分布）。例如，已知区块组质心图层，可使用人口加权的中心要素确定城镇哪部分对于表演艺术中心来说最为便利；已知某个公园若干年内的麋鹿观测值图层，可使用平均中心查看麋鹿在夏季和冬季的聚集位置；已知火灾事故图层，可使用中位数中心测量火灾的中心趋势，而不受周边的异常值影响；已知地下水井样本图层，可使用椭圆确定污染物的扩散方式
查找位置	查找现有位置	该工具可以用来查找研究区域中满足所指定的一系列标准的现有要素。这些标准可基于属性查询（如闲置宗地）和空间查询（如距离河流 1km 以内）
	派生新位置	该工具可以用来在研究区域中创建满足所指定的一系列标准的新要素。这些标准可基于属性查询（如闲置宗地）和空间查询（如位于洪水区内的宗地）
	查找相似位置	该工具可根据指定条件查找与一个或多个参考位置最相似的位置
	查找质心	该工具可用于查找每个输入多点、线或面要素的代表中心（质心）
分析模式	计算密度	该工具可对某一现象的已知量进行处理，并将这些量扩展到整个地图上。例如，可以使用该工具来显示发生雷击或龙卷风的概率、医疗设施的利用率以及人口密度
	查找热点	该工具可创建一幅地图，显示数据中具有统计显著性的所有空间聚类。使用该工具可查找诸如家庭值较高和较低的异常热点（红）和冷点（蓝）、犯罪密度、交通事故死亡率、失业率以及生物多样性等聚类

续表

工具集	工具	描述
分析模式	查找异常值	该工具可创建一幅地图，显示数据中具有统计显著性的聚类和空间异常值。该工具可用于确定与相邻要素具有显著不同值的要素。 例如，可以使用该工具查找异常消费模式、确定研究区域中富裕区和贫困区之间最清晰的边界，或确定是否存在某些县的预期寿命比邻近县异常低的情况
	查找点聚类	该工具可检测点集中的区域以及被空的或稀疏的区域所分隔的区域。不属于聚类的点将被标记为噪点
	插值点	该工具用于根据一组点的测量结果来预测新位置上的值。该工具对具有数值的点数据进行处理，并返回按预测值分类的区域。 例如，借助该工具，用户可以根据各个雨量计的测量结果来预测某一分水岭内的降水量级别
邻近分析	创建缓冲区	该工具用于创建缓冲区，缓冲区是一个以点、线或面要素为起点覆盖给定距离的区域。缓冲区通常用于创建一些区域，以便使用如"叠加图层"等其他工具进行深入分析。 例如，假设问题是"在学校 1km 范围内存在哪些建筑物？"，通过在学校周围创建一个1km 的缓冲区，将缓冲区与包含建筑物覆盖区的图层相叠加即可找到答案。最终结果是一个包含学校 1km 范围内建筑物的图层
	查找最近点	该工具使用直线距离或出行模式来测量输入要素和邻近要素之间的距离，并按照距离为邻近要素排序。 例如，可以使用该工具查找距离事故点最近的医院，或查找距离当前位置最近的自动提款机
管理数据	融合边界	该工具将重叠区域或共享边界的区域进行合并以形成单个区域
	提取数据	该工具根据图层和指定的感兴趣区域创建和生成 ZIP、CSV 或 KMZ 文件
	生成细分面	该工具根据指定的形状和大小在研究区域生成细分面
	合并图层	该工具将两个或多个现有图层中的要素复制到新图层中。 例如，用户有 12 个图层，每个图层包含相邻镇区的宗地信息，用户希望将它们合并成单个图层，同时只保留这 12 个输入图层的名称和类型相同的属性
	叠加图层	该工具可将两个或多个图层合并成一个图层。叠加就是通过地图堆叠进行查看并创建包含在堆叠中找到的所有信息的单个地图。例如，哪些宗地位于百年一遇的洪泛区中；什么道路在什么国家中；什么土地利用方式在什么土壤类型上

4. 跨组织 / 部门、跨行业的协同分享

GeoScene Portal 为企业提供了一个直观的即用型工作空间，便于组织机构内部门之间、组织机构与组织机构之间相互共享与协作。

1) 组织机构内部协作分享

组织机构可以根据自身的组织架构，创建各个群组，每个部门的 GIS 资源都会在对应的群组中被管理。不同的部门，可以基于群组的共享机制，迅速高效地与其他部门共享地图、数据以及其他信息，提升企业的协同工作能力（图 3-11）。支持基于用户角色的访问权限控制，使得不同的角色访问不同的资源。

2) 跨企业 / 领域协作分享

GeoScene Portal 提供 Portal to Portal 协作能力，它能解决多个门户之间的协作共享，实现跨组织、跨领域的业务协作（图 3-12），以满足智慧城市中不同领域、上下级单位等不同应用场景的资源共享需求。通过 Portal to Portal 协作构建起一个分布式的

图 3-11　组织内基于群组的 GIS 资源协作

图 3-12　跨组织、跨业务领域的共享协作

WebGIS 系统，大大促进了数据的开放与共享，使每个人都能参与到地理平台的工作中来。

5. 快速的内容检索和定位

　　GeoScene Portal 是企业 GIS 内容的管理和整合平台，它提供了智能搜索和快速定位的机制，如提供标签、评级、评论、使用频率等多种方式快速检索地图、应用、模板、工具等资源，并提供了大量细节信息和"我的收藏夹"功能，使得用户可以便捷地发现组织中的资源，并实现一键式保存和共享。

6. 简单高效的应用创建

　　GeoScene Portal 中内置了众多可配置的应用程序模板和即拿即用的应用程序构建

器 GeoScene Web AppBuilder。通过这些模板和应用构建器，我们可以将各种常用功能以及制图和分析的结果，以零代码的方式快速搭建成适配多种终端设备的 WebGIS 应用，并被最终用户所访问。

GeoScene 新推出的各种颇受欢迎的 App，如 StoryMap、Web AppBuilder 等，都已经与 GeoScene Portal 无缝集成。

7. 平台管理和信息统计

作为地理信息云平台的门户，GeoScene Portal 是平台内容的容器，当内容和用户、群组等各种信息繁多时，需要对这些内容进行管理和统计。GeoScene Portal 提供的平台管理能力包括门户基本信息查看、成员管理、许可管理、角色管理、新成员默认值设置、系统配置、门户定制、统计分析、笔记本管理。

门户平台管理中，通过系统设置可以配置门户的地图、项目、群组的相关设置，还可以配置托管服务器、管理门户间协作，以及门户的安全性等方方面面。

可以通过门户定制设置门户的常规信息，如名称、徽标、组织摘要和描述信息等，配置门户的默认底图、主页的显示样式等。

成员管理中，可以对组织机构的所有成员进行管理，包括添加 / 删除 / 禁用成员、更改成员的角色（是管理员、发布者、查看者、用户等）、更改成员的用户类型（Advanced、Basic、Creator 等）、查看 / 修改成员资料、管理成员的项目，等等。

角色管理用来创建、编辑和管理门户中的成员角色，可以基于现有角色或角色模板来创建角色，并可根据需要允许或拒绝与该角色相关联的权限。

许可管理用来管理软件许可和授权成员。GeoScene 平台的软件授权，以及授权账号需要导入 GeoScene Portal 中，由 GeoScene Portal 进行统一管理，并对组织机构的成员按需进行授权。

统计分析模块提供了门户的基本状态信息，可以从整体和宏观上了解门户的资源数量、内容组成、最受欢迎的访问内容、资源标签、群组概况等。

个人中心提供了个人资源查看及管理、个人资料编辑、群组统计、共享统计内容（图 3-13）。进入"我的内容"可以直接管理、查看及编辑自己的资源内容。

3.4.3　核心部件之 GeoScene Data Store

随着大数据云计算时代的到来，传统的数据库类型已经不能满足需求，新的平台、新的功能，对数据库提出了更高的要求，如需要能够实时快速响应、适合互联网数据快速请求、专库专用，等等。为满足新型存储需求，GeoScene Enterprise 提供了 GeoScene Data Store 数据库组件，让用户无须专业的数据库知识即可轻松配置可供地理信息云平台使用的数据存储环境。

GeoScene Data Store 包含三种类型的数据库：关系数据存储、切片缓存数据存储、时空大数据存储（图 3-14）。每种数据库在平台中起着不同的作用，各司其职，协同保

图 3-13　个人中心

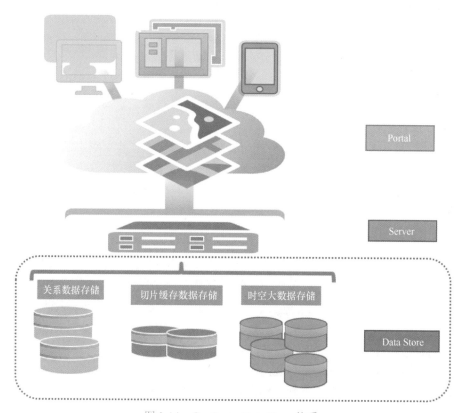

图 3-14　GeoScene Data Store 体系

障地理信息云平台各项功能成功运行。①关系数据存储：采用 PostgreSQL 技术，存储门户中托管的数以千计的要素图层数据，包括从空间分析工具的输出中创建的托管要素图层。②切片缓存数据存储：采用 CouchDB 技术，主要用于支持 GeoScene Portal 网站的托管三维数据。WebGIS 平台中三维能力的提升就来源于此。③时空大数据存储：时空大数据类型是为大数据分析、实时应用专门打造，利用 Elasticsearch 技术，具有快速、实时、高并发、高吞吐等特点，主要用来归档 GeoScene GeoEvent Server 实时数据，以及存储 GeoScene GeoAnalytics Server 大数据分析的结果。

GeoScene GIS 服务器与 GeoScene Data Store 的关系如图 3-15 所示。

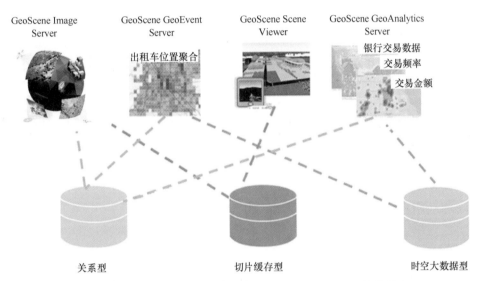

图 3-15　GeoScene GIS 服务器与 GeoScene Data Store 的关系

GeoScene Data Store 作为地理信息云平台的数据存储软件，提供如下功能：

(1) 支持发布大量的托管要素图层。关系型数据库存储占用更小的内存，从而可以发布更多服务，占用硬件资源少。

(2) 支持三维场景图层。如果门户的托管服务器注册了切片缓存类型的数据存储，则可以用 GeoScene Pro 发布三维场景到 GeoScene Portal。

(3) 存档海量的实时观测数据。GeoScene GeoEvent Server 接入的大量实时流式数据可以用 GeoScene Data Store 创建一个时空大数据来存储和归档。

(4) 自动备份和恢复数据。GeoScene Data Store 特有的备份恢复机制可以保证在发生灾难（如数据损坏或硬件故障）时，对数据进行快速的备份和恢复。用户可以控制创建关系型和时空型数据存储自动备份的时间。

(5) 支持 GeoScene Portal 的空间分析。要使用 Portal 的常规空间分析功能，则 GeoScene Portal 的托管 GIS 服务器必须使用 GeoScene Data Store 关系型数据存储。例如，使用 GeoAnalytics Server 工具，则需要配置一个托管了时空大数据存储的 GIS Server 服务器。

（6）支持关系型数据存储的只读模式。当关系型数据存储所在的机器磁盘空间不足时，数据存储变得不可用，可能会丢失数据。为防止丢失数据，当机器的磁盘空间在指定空间以下（默认情况下，大小为 1024 MB）时，主关系数据存储将被设置为只读模式。

（7）时空大数据存储磁盘空间监控。当时空大数据存储计算机上的磁盘空间不足时，GeoScene Data Store 2.1 将数据存储设置为只读模式，以避免数据丢失。在只读模式下，无法创建任何托管的时空要素图层，并且无法存档来自 GeoScene GeoEvent Server 的数据流。

3.4.4　核心部件之 GeoScene Web Adaptor

GeoScene Web Adaptor 是 GeoScene Enterprise 的基础组件，它负责 GeoScene 平台访问的请求转发。它会跟踪 GeoScene Server 的站点以便了解哪些 GIS 服务器被移走了或者添加了哪些新的 GIS 服务器，然后将流量转发到当前正在参与的站点计算机上。因此，它通常可与其他负载均衡的组件一起使用，实现 GeoScene 平台内 GIS 服务器的负载均衡。

可将 GeoScene Web Adaptor 配置（图 3-16）为与 GeoScene Server 或 GeoScene Portal 配合使用。如果用户需要将 GeoScene GIS Server 的站点暴露给外部用户，或者将 GeoScene Portal 的站点对外开放，以及实施负载均衡和安全技术，要安装 GeoScene Web Adaptor。

图 3-16　GeoScene Web Adaptor 配置

GeoScene Web Adaptor 可用于多种 GeoScene Server 站点配置，如在单个 Server 站点下，可将 GeoScene Web Adaptor 与 GeoScene Server 安装在同一台机器上，或者将其放置在专门的 Web 服务器中；在多 Server 部署中，可以通过在某一个 Web 服务器上安装 GeoScene Web Adaptor 提供统一的站点入口。

3.5　GeoScene Enterprise 主要功能

1. 提供丰富的 Web 服务以构建多端 GIS 应用的功能

通过遵循 REST、SOAP 及 OGC 标准等多种 Web 服务，轻松向桌面端、Web 端和移动端提供 GIS 资源和功能（图 3-17）。

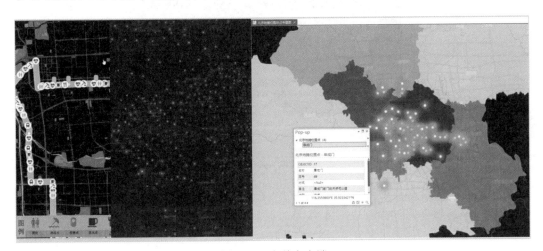

图 3-17　多种客户端

2. 三维内容的创建和快速共享功能

借助三维场景服务，可将多面体（multipatch）、三维点线面、数字高程模型等三维数据共享为场景图层，通过场景图层创建三维场景（图 3-18）并快速共享，最终实现在 Web、移动和桌面等多终端浏览和使用。

图 3-18　三维场景

3. 在线编辑和"离线在线一体化"的功能

借助要素服务，可实现存储在企业级空间数据库中的空间和属性数据的在线 / 离线编辑及同步，使得应用具备"离线在线一体化"的编辑功能（图 3-19）。

图 3-19　在线离线编辑

4. 空间数据管理功能

借助地理数据服务，可以对发布的地理数据实现抽取、检入 / 检出及复制等功能（图 3-20）。

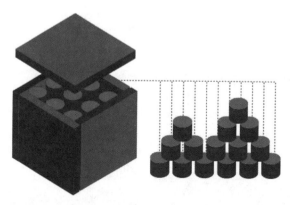

图 3-20　空间数据管理功能

5. 空间分析和地理处理功能

借助地理处理服务，可以向客户端提供空间分析、地理统计分析、网络分析、适宜性分析等丰富的地理处理功能（图 3-21 和图 3-22）。

6. 基于分布式框架的大数据分析功能

通过内置分布式计算框架，实现了针对海量时空数据的分析计算、洞察挖掘，使得原本需要几天、几月的计算时间，可以在几小时、几分钟内完成。

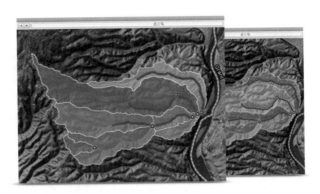

图 3-21　地理处理功能

路径分析

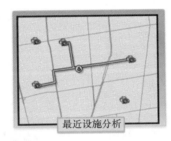

最近设施分析

服务区分析

位置分配分析

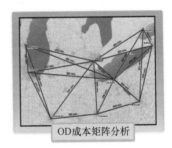

OD成本矩阵分析

图 3-22　支持的网络分析类型

7. 以地图为核心的内容管理和共享协作功能

GeoScene Portal 提供以地图为核心的多维内容管理，使用户可以在组织内轻松创建、组织、管理地理资产，实现 GIS 资源的精细化访问控制。

GeoScene Portal 提供跨部门、跨组织协作共享的能力，它能解决组织内部各部门之间，以及多个组织机构之间的协作共享，实现跨部门、跨组织、跨领域的业务协作（图 3-23）。

8. 快速构建 Web 应用的功能

支持使用 JavaScript API 创建自定义的 Web 应用程序，同时，使用 GeoScene Portal 自带的应用程序模板，以及 GeoScene Web AppBuilder 等多种可配置的 App，可以零代码构建 Web 应用程序（图 3-24）。

图 3-23　跨部门、跨组织协作

图 3-24　零代码构建 Web 应用

9. 敏捷开发移动应用的功能

　　提供丰富的服务类型，为移动应用提供了大量的数据和功能，目前支持 Android、iOS、Windows 8/10 等主流移动平台。开发人员可以使用相应的开发工具包创建自定义移动应用（图 3-25）。

图 3-25　移动应用开发

第二部分

核心技术能力

第 4 章　GeoScene 平台核心能力

4.1　综　　述

4.1.1　数据科学与空间数据科学概述

随着市场对数据人才的狂热需求，数据科学变得越来越炙手可热。数据科学是利用计算机的运算能力对数据进行处理，从数据中提取信息，进而形成"知识"。它包含了统计、机器学习、数据可视化、高性能计算等，并且已经影响到计算机视觉、信号处理、自然语言识别等计算机分支。如今数据科学已经在 IT、金融、医学、自动驾驶等几乎所有的科技领域得到广泛使用。

如果说数据科学是一种能够将原始数据转化为理解、洞察力和知识的学科，那么，空间数据科学就是在空间领域能够做到这一点的学科。空间数据科学能够将原始的空间数据转换为理解、洞察力和知识，并且针对空间数据所表达和蕴含的特征发现与地理空间有关的知识。

地理空间数据的可获得性、空间决策支持体系和地理空间问题解决环境正在改变许多行业和学科领域，包括医疗、营销、社会服务、人类安全、教育、环境可持续性和交通运输。空间数据科学专业人员利用工程、计算机科学和空间科学原理来解决数据密集、规模化、定位的问题。

4.1.2　空间分析与线性模型

空间分析是 GIS 的主要特征，有无空间分析功能是 GIS 与其他系统相区别的标志。空间分析是从空间物体的空间位置、联系等方面去研究空间事物，以对空间事物做出定量的描述，而 GIS 的一个主要优势就在于它能够对空间数据进行空间运算以派生出新的数据信息。在 GIS 中，这些用于空间数据运算的工具，就被称为空间分析工具，它们是所有空间建模和地理处理的基础。

在我们所要进行的各种分析中，计算模型是最主要的手段，而这些计算模型中，线性模型是数据科学中最简单、应用最广泛的模型。需要我们通过某种计算公式，来对一个样本的特征采取线性组合进行预测的模型，就属于线性模型。从广义的角度上看，所有有关特征提取、模式识别、趋势演变的模型，都属于线性模型。这里也包括了各种传统空间分析模型。

例如，可以通过空间分析进行：①从已有数据中，通过分析和计算，派生新的信息；②识别空间数据中所蕴含的空间关系和空间分布模式；③用于解答与位置相关的问题，提供空间决策支持；④计算路径和通行成本；⑤操作所有的与空间信息有关的 GIS 数据。

4.1.3　复杂性空间数据科学

"以直代曲"是人们处理很多数学问题时一种很自然的思想。很多实际问题的处理，最后往往归结为线性问题，因为它比较容易处理。但是，现实世界本质上是非线性的，非线性程度和表现形式千差万别，线性系统不过是在简单情况下对非线性系统的一种可以接受的近似描述。非线性是系统无限多样性、不可预测性和差异性的根本原因，是复杂性的主要根源。非线性思维是一种直面事物本身的复杂性以及事物之间相互关系的复杂性，运用超越直线式的思维去力争更清晰地理解和把握认识对象的思维方式。

在这种背景下，复杂性科学应运而生，复杂性科学是指以复杂性系统为研究对象，以超越还原论为方法论特征，以揭示和解释复杂系统运行规律为主要任务，以提高人们认识世界、探究世界和改造世界的能力为主要目的的一种"学科互涉"（inter-disciplinary）的新兴科学研究形态。

4.1.4　从空间统计学到地理机器学习

统计学是一门应用领域极其广泛且古老的科学，漫长的历史中，它发展和演变成了通过搜索、整理、分析、描述数据等手段，推断所测对象的本质，甚至预测对象未来的一门综合性科学，目前几乎涵盖社会科学与自然科学的所有领域。

现今社会，统计扮演着至关重要的作用，例如，对于商业以及工业领域，统计被用来了解与测量系统变异性、程序控制，对资料做出结论，并且帮助完成资料取向的决策，这个也正好是数据科学的主要应用领域，所以有人说：数据科学就是大众普适化的统计学。

空间统计学是统计学的一个分支，它主要通过对各种空间数据处理、分析和计算的手段，对空间数据的分布特征和分布模式进行识别和推断，以了解数据所蕴含的空间特性。与传统统计学更关注样本间的独立性这一统计学经典特性所不同的是，空间统计关注和使用的主要是数据的空间关系，如距离、面积、体积、长度、高度、方向、中心、范围、相关性等蕴含在空间信息中表达的空间特征上。而这一点，恰好是空间数据科学的核心所在，正如世界著名地理学家 Luc Anselin 教授所说：与传统数据科学不同的是，空间数据科学将位置、距离和空间关系视为数据分析的核心，并采用专门的方法和软件来进行存储、检索、探索、分析和可视化，并且从这些数据中学习更多的经验和知识。

　　机器学习是人工智能的一个分支，是一门多领域交叉学科，涉及概率论、统计学、逼近论、凸分析、计算复杂性理论等多门学科。机器学习理论主要是设计和分析一些让计算机可以自动"学习"的算法。因为机器学习算法中涉及了大量的统计学理论，机器学习与推断统计学联系尤为密切，也被称为统计学习理论。所以，可以认为机器学习建立在统计学的框架之上。这是因为机器学习涉及数据，而数据则必须使用统计学框架进行描述。

　　那么，空间科学领域的机器学习，同样需要架构在空间统计学理论上。在传统领域机器学习，地理位置并非关键数据，它们只是借助空间数据辅助解答问题；而空间领域机器学习，主动将地理空间特性纳入计算中，用以探索几何形状、密度、空间分布以及空间关系在预测和分析中的必要性和必然性。

　　易智瑞公司在大数据以及分布式计算等技术上的不断探索和进步，使 GIS 与机器学习协同解决问题变成了可能，并且 GeoScene 正式集成了多个机器学习工具。

4.1.5　数字孪生：为了解我们的世界而建模

　　数字城市进阶为智慧城市之后，逐步进入深水区，"数字孪生"这个概念也逐渐为业界所认可。所谓的数字孪生，是指充分利用物理模型、传感器更新、运行历史等数据，集成多学科、多物理量、多尺度、多概率的仿真过程，在虚拟空间中完成映射，从而反映相对应的现实世界实体的全生命周期过程。

　　在数字孪生实现的过程中，不可不谈三维场景的应用。三维场景以直观易懂的表达形式受到越来越多的市场关注，行业级的应用正在从传统的二维地图迁移到三维场景中。这就要求三维场景中能够容纳各种类型的数据资源，如要素数据、影像数据、地形数据、三维数据等。

　　以上几个方向是 GeoScene 核心技术能力的主要体现，下面将详细介绍。

4.2　三维场景融合

4.2.1　三维场景融合综述

　　随着计算机技术、用户三维需求的不断变化，三维应用也经历了数字城市、智慧城市、CIM 等几个阶段。

　　（1）数字城市阶段：以城市数据三维化为主要特征，通过 C/S、插件式 B/S 实现数据的共享、展示与应用。

　　（2）智慧城市阶段：以大屏应用展示为主，城市驾驶舱、城市大脑是它的别名。

　　（3）CIM 阶段：通过构建城市基础底板，实现多源数据的汇聚并能够以服务的形式供上下游使用。

不管三维应用发生何种变化，三维应用构建过程始终离不开数据获取、存储管理、可视化、空间分析、服务发布和应用开发六个阶段（图4-1）。

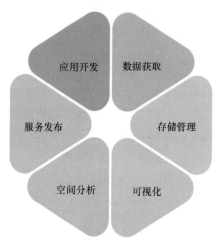

图 4-1　三维系统构建的六个阶段

随着用户需求的变化，三维系统从过去独立的、高度依赖数据的大型应用系统向数据服务化、应用小型化的敏捷性应用系统转变。在此大背景下，GeoScene 推出了面向云、Web 和移动端的三维地理信息平台，全面支持三维系统构建的完整流程（图4-2）。

增强的数据获取和处理
➤ ABC等BIM厂商/软件的全面支持
➤ 新型测绘三维数据的全面支持
➤ 十余种通用三维格式的支持
➤ 基于二维数据生成三维数据的能力
➤ 影像、地形、要素、OGC等多种服务的接入

强大的空间分析能力
➤ 提供高级三维分析工具、交互式三维分析工具满足常规三维应用需求
➤ 与二维空间能力结合的二三维一体化分析
➤ 与业务分析模型结合的复杂空间分析

高效的场景创建与可视化
➤ 统一的二三维符号库、填充库、线型库
➤ 智能的三维制图
➤ 高效、高保真的渲染引擎

海量的数据存储与管理
➤ Geodatabase支持存储所有类型的地理数据，如地形、影像、点云、三维模型等
➤ 支持空间要素服务和非空间要素服务的统一存储、管理
➤ 支持NoSQL、文件、云存储等存储方式

便捷多渠道的服务发布
➤ 浏览器端直接支持三维服务的发布
➤ 桌面端支持海量三维数据的高效发布
➤ Python等脚本自定义服务发布

灵活的系统定制与开发
➤ 0代码开发
➤ 功能定制开发
➤ 行业应用的深度定制开发

图 4-2　三维系统构建的完整流程

在支持三维系统构建的全流程基础上，GeoScene 平台也成为集内容创建、内容管理、高效高保真渲染、共享与应用为一体的三维 GIS 平台。

1. GeoScene 平台是一个三维内容创建的平台

GeoScene Pro 通过以下几种方式支持三维内容的创建：

（1）支持通用三维模型格式、倾斜 OSGB、LiDAR 数据的接入，并原生支持 Revit 数据的接入；

（2）支持使用 CityEngine 的规则基于要素数据及其属性信息批量、高效地构建三维模型；

（3）支持三维模型符号库的创建并支持要素的三维符号化；

（4）支持三维数据的编辑。

2. GeoScene 平台是一个三维内容管理的平台

三维内容一方面可通过 GeoScene Pro、GeoScene Portal 页面上传到 GeoScene Enterprise 中并发布成三维服务，并以三维切片的形式统一存储到 GeoScene Data Store 中，GeoScene Data Store 为三维服务提供了一个高可伸缩性、高可用性和高可靠性的环境，保证了海量三维数据的存储管理。用户也可以以 ESLPK（解压的 SLPK 数据）的形式在本地或云存储上部署发布进行自定义管理。

3. GeoScene 平台是一个高效高保真的三维可视化平台

GeoScene 平台使用 OGC I3S 标准的 SLPK 规范作为其数据规范，数据的加载与显示遵从 OGC I3S 服务规范。在数据层面，通过 Lod 对数据进行分级存储，内部通过 draco、DXT 等压缩机制，控制节点的数据量，从而保证数据在网络上的高效传输；在请求层面，通过节点页（nodepage）快速遍历数据节点，直接加载与页面范围相应精度的数据，从而保证高精度数据在一定范围内的高保真还原；在渲染上，采用基于像素包围盒的层级切换机制、与底层 WebGL 的完全 Replace 机制从而保证数据在前端长时间、高效率、稳定运行。

4. GeoScene 平台是一个三维共享的平台

GeoScene 针对三维数据的共享包括服务的共享和场景服务的共享。

（1）服务的共享：是指用户可以通过 URL 的形式把三维数据服务（scene service）共享给不同的群组 / 个人，并实现在桌面端、Web 和移动终端上使用，同时支持 JavaScript API 和 GeoScene Runtime SDKs 的直接调用。通过 GameEngine SDK 支持在游戏引擎上直接使用已经发布好的三维服务。

（2）场景服务的共享：场景服务是指把不同类型的服务，如三维数据服务、矢量切片服务、影像服务、要素服务等聚合在一起并通过一定的制图表达得到满足特定应用需求的内容集合。场景服务的出现减轻了用户代码开发的工作量，提高了三维数据应用的效率。目前，场景服务可通过桌面软件、JavaScript API 和 GeoScene Runtime SDKs 直接调用。

5. GeoScene 平台是一个三维应用的平台

GeoScene 提供了强大的三维空间分析功能，这些功能可以方便地与用户的业务模型算法相结合，有效地帮助人们解决现实世界中的问题。GeoScene 同时提供了丰富多样的开发接口，如 JavaScript API、GeoScene Runtime SDKs、游戏引擎 SDK 等，能够方便地定制面向业务应用的三维系统。

4.2.2　三维场景数据融合

三维场景以直观易懂的表达形式受到越来越多的市场关注，行业级的应用正在从传统的二维地图迁移到三维场景中。这就要求三维场景能够容纳各种类型的数据，如要素数据、影像数据、地形数据、三维数据等（图 4-3）。

要素类型
- CSV Layer
- GeoJSON Layer
- KML Layer
- GeoRSS Layer
- Feature Layer

底图类型
- Image Layer
- MapImage Layer
- VectorTile Layer
- OpenStreetMap Layer
- WebTile Layer
- WMS Layer
- WMTS Layer

实时类型
- Stream Layer (GeoScene 实时大数据软件)

三维类型
- IntergratedMesh Layer
- BuildingScene Layer
- Scene Layer(3D Object、Point)
- PointCloud Layer

自定义类型
- Custom Tile Layer
- Custom Dynamic Layer
- Custom LERC Layer
- Custom Blend Layer
- Custom Elevation Layer
- Custom WebGL Layer

图 4-3　GeoScene 平台三维场景中支持的服务类型

GeoScene 平台三维场景提供了全坐标系的支持来满足用户已有数据资产的接入，它包括：

（1）地理坐标系：支持 WGS 1984 地理坐标系、CGCS 2000 地理坐标系和 WGS 1984 Web Mercator 投影坐标系。这三种坐标系的数据都可以在全球场景（Globe Scene）下加载展示。

（2）带 WKID 的投影坐标系：带有 WKID 编号的投影坐标系数据在可以在平面场景（local scene）下加载展示。

（3）WKT 坐标系（用户自定义坐标系）：平台支持自定义坐标系的数据在平面场景中加载展示。

不同类型的数据资源通过坐标位置可以在同一个场景下进行叠加匹配显示（图 4-4），其中，地形数据构成场景的骨架，影像数据构成场景的皮肤，点线面要素数据和模型数据构成场景的专题元素，从而融合成与现实世界一致的孪生数字世界。

此外，为满足科学研究的需求，JavaScript API 还提供对行星坐标系（planetary coordinate systems）的支持，可以应用于外太空星体的研究及航空航天项目（图 4-5）。

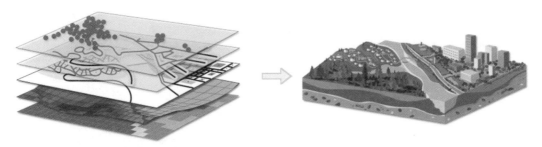

图 4-4　不同类型的数据融合得到的三维场景

图 4-5　基于 JavaScript API 开发的漫游火星系统

4.2.3　三维场景数据治理

　　随着三维数据获取手段越来越丰富，数据获取成本越来越低廉，地理平台所承载的三维数据量越来越庞大，数据类型越来越多样。如今，GeoScene 平台可以在同一场景中同时加载传统手工建模数据、实景三维数据、体元数据、点云数据、BIM 数据、三维点符号数据等多种类型数据，覆盖了建筑、道路、交通、植被、管线、城市小品、地下空间、地质构造、地下管线等多种场景，构成了完整的城市全要素三维数据模型，并可与二维数据进行无缝集成。此外，还可以根据 BIM 模型自动构建室内导航数据，与室外路网数据相结合实现室外到室内精准到户的无缝导航；支持与地理空间大数据相结合，借助物联网设备获取实时流数据，并在三维场景中渲染和显示。GeoScene 平台是真正可以实现二三维一体化、地上地下一体化、室内室外一体化、动静一体化、BIM+GIS 一体化等五位一体的全要素三维场景融合的智能地理信息平台（图 4-6），对多源三维数据有着非常广泛的支持。

　　GeoScene 平台提供了完整的三维场景数据处理模块，可以实现对多源三维的转换导入、数据编辑、数据分析、快速发布、数据管理、动态更新、服务优化等覆盖三维场景全要素数据全生命周期的处理和管理能力。

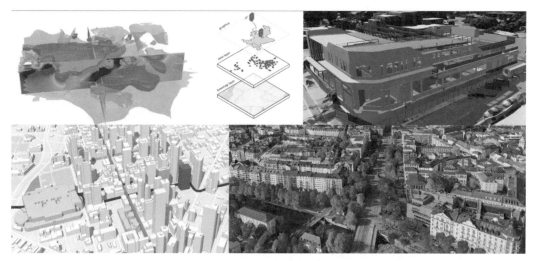

图 4-6　全要素三维场景融合的智能地理信息平台

1. 传统手工三维模型

GeoScene 平台支持多种通用三维模型格式的直接导入。借助桌面软件的三维扩展模块可支持 dae、wrl、3ds、flt、obj 等五种格式的导入，借助互操作模块可支持 fbx、stl、x 等数百种格式的导入。此外，桌面软件支持 dae 格式的导出，互操作模块支持 fbx 等更多格式的导出。

对于专为网络传输与共享和高效渲染而设计的次世代三维模型 glTF 和 glb 格式，在 GeoScene 平台中其可直接作为三维点符号进行加载，支持对模型进行任意的移动、旋转、放大、缩小等操作，并支持大部分高级三维特性，如基于物理的材质渲染（PBR）等。

如果对三维编辑和渲染效果有更高的要求，GeoScene 平台可以将已经导入数据库内的三维模型文件映射为通用三维格式，如 fbx、dae、obj、glTF 等，映射出的通用格式三维模型可在任意三维编辑软件（如 3D Painter、Blender 等）中打开编辑，支持对模型进行几何编辑和贴图编辑，支持 PBR 纹理，编辑后的效果可实时同步至 GeoScene 桌面软件中显示。

针对用户的实际数据情况，GeoScene 平台提供对 max 数据和 osg 数据的专项支持，包括模型导出工具和后处理工具。模型导出工具可将大批量 max 模型自动导出为 obj 或 wrl 格式，并按构件和构件名称对模型拆分，方便后续应用中进行模型属性挂接。后处理工具可以对模型坐标、贴图等进行修改和优化，可以更加方便地将用户现有的数据对接到 GeoScene 平台。

2. 实景三维模型

GeoScene 桌面软件支持直接将倾斜模型通用格式 OSGB 转换为 OGC I3S 标准的 SLPK 格式。同时，作为一个开放的国际标准，I3S 已经得到了市场上主流倾斜摄影测量建模软件的广泛支持，如 Context Capture、Pix4D、SURE、大疆智图等软件均支持直接生产基于 I3S 标准的数据格式 Scene layer Package（*.slpk）的倾斜摄影模型。

针对旧有的存量 OSGB 模型以及经过第三方软件编辑的 OSGB 模型，GeoScene 平台提供专项数据治理工具，可支持 OSGB 文件检查，挑出空文件以及不符合 OSG 标准的文件，并将其他文件转换为 OGC I3S 标准的 SLPK 格式。

GeoScene 支持对倾斜摄影模型进行单体化处理，提供了两种单体化方式：一种是动态单体化方式，即直接将包含属性信息的二维底面数据与倾斜模型数据加载到同一场景中，平台会自动使用二维底面数据覆盖倾斜模型，在此基础上实现属性查找、按范围查询统计等功能；另一种是基于二维底面范围对倾斜模型进行批量分割提取，提取出的三维模型可以被进一步编辑、分析，也可直接作为单体模型进行发布。

在实际应用中，倾斜模型一般有覆盖范围广、数据量大等特点。针对此，GeoScene 提供了专门的模型优化工具，通过构建顶级节点、优化数据组织调度结构等方式极大提高了大范围倾斜模型的加载效率。同时，提供快速发布工具，支持 TB 量级的模型数据的快速发布。GeoScene 平台还支持免发布调用功能，可以直接调用存储在本地或云端的数据文件。

3. 点云模型

GeoScene 平台支持将点云数据（las/lasz）打包为点云数据集，以便统一管理，同时提供了数十种地理处理工具和机器学习模型，可实现对点云数据进行地物提取、地形提取、统计查询、抽稀、提取、分类等功能。支持多种选择模式，如选择可见点、按三维体积盒、体积球、选择电力线等。

4. BIM 模型

Revit 软件是以 BLM-BIM 的理论为指导开发的工程软件，实现了不同专业信息的共享与关联。它于 2002 年被 Autodesk 公司收购，其前身是由 Pro/E 公司的软件工程师 1997 年创立的 Revit Technology 公司。Autodesk 公司的 Revit 有三个系列：Revit Architecture、Revit Structure、Revit MEP，分别对应于建筑、结构、水暖电专业领域，几乎贯穿了建筑物生命周期的各方面应用，可帮助建筑设计师设计、建造和维护质量更好、能效更高的建筑。

在 BIM 领域，Autodesk 公司在全球占据绝对市场地位（图 4-7），其拳头产品 Revit 是我国建筑业 BIM 体系中使用最广泛的软件之一，GeoScene 平台对 Revit 的原生支持极大地简化了 BIM 到 GIS 的工作流程，降低了 GIS 从业者使用 BIM 数据的难度，提升了工作效率。

GeoScene 平台提供了对 Revit 模型的原生支持（图 4-8），并支持地理配准和服务发布，这极大地简化了用户从 BIM 到 GIS 的工作流程，提升了 BIM/GIS 协作的效率。此外，GeoScene 桌面端软件支持 Revit 数据的统一入库管理，用户可将多个 Revit 数据直接存储到同一个 FileGDB 中统一进行管理，同时支持对入库后的 BIM 模型进行几何、贴图、属性的编辑。

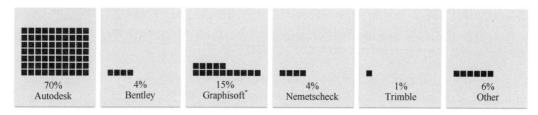

图 4-7 不同 BIM 厂商的市场占有率

*为属于Nemetscheck国际集团旗下品牌之一

资料来源：The NBS.2019. https://www.thenbs.com/knowledge/national-bim-report-2019

图 4-8 对 Revit 模型的原生支持

4.2.4 三维场景可视化

I3S 标准极大地提升了 GeoScene 平台三维可视化效果，并呈现出更多终端支持、更大规模数据量加载以及高效高保真的三维可视化效果（图 4-9）。

图 4-9 大场景三维数据叠加动态水效果

除了针对三维数据的可视化渲染外，在三维场景中还可以针对点要素服务、线要素服务、面要素服务和 3D Objects 类型的三维服务进行属性驱动的可视化制图，一方面能够方便地实现二维要素在三维场景中的立体展现；另一方面可以针对三维服务进行属性驱动的可视化表达，帮助发现隐藏在数据背后的地理价值。

1. 点要素的三维可视化

现实世界中存在大量的城市景观、道路附属设施、地下管网和绿植等，这些数据具有数量庞大而类型有限的特点，全部采用传统手工建模的方式需要投入大量的人力、物力，同时对场景数据在前端的加载有一定的影响，因而常规处理中常采用符号化的方式进行处理。

GeoScene 平台提供全平台二三维一体化的符号系统，可以与用户现有二维符号系统无缝集成，同时集成了大量自带 LOD 的三维符号，如路灯、垃圾桶等各类城市小品，甚至包括随季节变化的林木等（图 4-10），可直接调用。

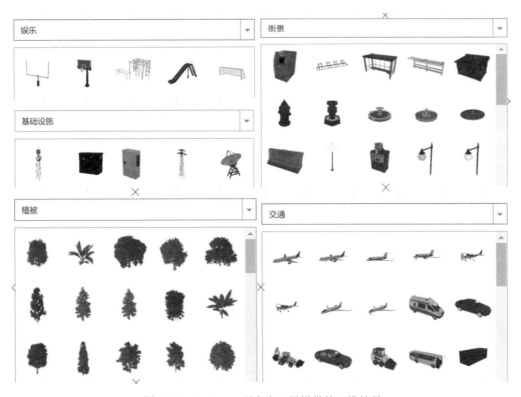

图 4-10　GeoScene 平台中已经提供的三维符号

针对用户特有的三维模型符号，如展现北京城市独特景观的香山红叶，由第三方软件制作的模型可以通过通用的中间格式（如 obj、dae、glTF）导入 GeoScene Pro 中，制成符号库（图 4-11）。制作好的符号库还可以直接发布成 Web Style，在浏览器端被直接使用。

2. 线要素的三维可视化

对于线要素，GeoScene 平台内置了多种样式，可以将线要素渲染为管道、墙、条

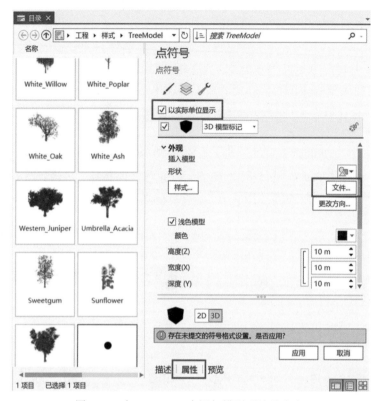

图 4-11　在 GeoScene 中添加模型到符号库中

带等。属性数据可以用来改变数据渲染的颜色，设置管道的半径、墙的高度等。线要素的三维样式如图 4-12 所示。

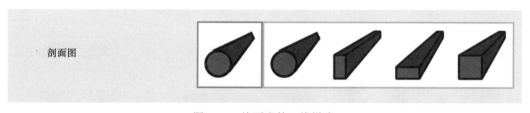

图 4-12　线要素的三维样式

3. 面要素的三维可视化

对于面要素，根据要素属性值不同，GeoScene 平台提供了多种三维可视化方法，如 3D 拉伸、3D 类型、3D 计数和数量等。在桌面软件中使用规则包三维符号并进行多字段唯一值渲染如图 4-13 所示。

4. 三维服务的智能制图

对于三维服务而言，GeoScene 平台可直接通过页面前端交互实现基于属性的三维渲染（图 4-14）。

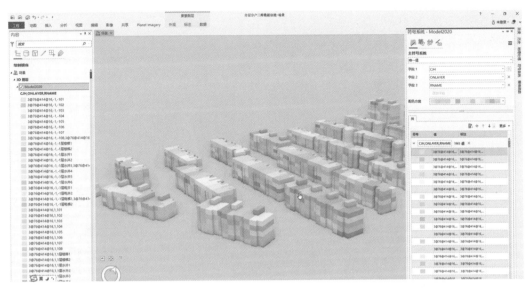

图 4-13　在桌面软件中使用规则包三维符号并进行多字段唯一值渲染

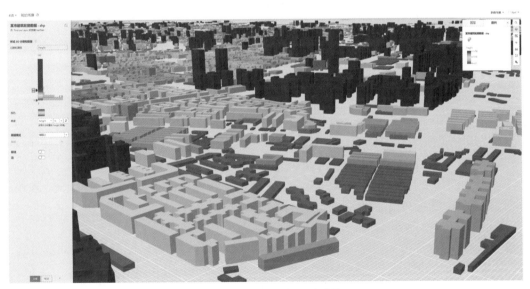

图 4-14　基于属性的三维渲染

4.2.5　三维场景分析能力

GeoScene 平台可以在桌面端、Web 端、移动端等多终端提供强大的三维场景分析能力。同时，支持编写自定义分析模型并将其发布为服务，与前端三维展示相结合，实现更加满足行业应用需求的三维分析功能。

1. 桌面端

桌面分析包含一套完整的分析工具箱，包括时空数据挖掘分析、地表面分析、空间量测、三维拓扑分析、地统计分析及交互分析、可见性分析等近百个分析工具（图 4-15）。

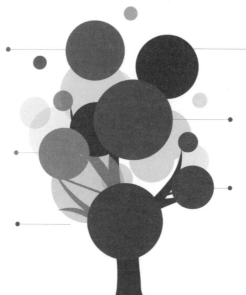

可见性分析
通视线分析、视域分析
天际线分析、天际线障碍分析
天际线图表、日照分析

地表面分析
挖填方分析、坡度分析
坡向分析、剖面分析
山体阴影分析

时空数据挖掘分析
新兴时空热点分析

地统计分析
经验贝叶斯、克里金分析

三维拓扑分析
3D缓冲、闭合多面体
3D相交、3D求差
3D邻近、3D合并
是否在内部

交互分析
视线分析、视域分析
圆顶视域分析、视廊分析
交互式挖填方分析、量测分析
剖切分析、日照模拟

图 4-15 桌面端常用的三维分析工具

地表面分析提供基于栅格表面的填挖方、坡度、坡向、剖面以及山体阴影等分析功能。

三维空间量算工具集可测量三维空间中的直线长度、地表长度、高度、面积以及要素对象。

三维拓扑分析可基于三维点、线、面及多面体进行三维闭合、缓冲区、相交、求差、邻近、合并、是否在内部等多种空间计算。

三维地统计分析可以进行三维插值运算。

三维可见性分析包括通视、视域、天际线、天际线障碍、天际线图表以及日照分析等。

通过空间处理框架，GeoScene 支持将二维和三维空间分析进行多种组合，来解决复杂的空间分析问题。同时，GeoScene 还集成了 Python 环境，可以将行业专业模型与空间分析工具进行组合，来定制更加面向业务的空间分析模型，如污染物大气扩散模型等。通过使用空间处理框架定制自动化的处理流程，GeoScene 在提高工作效率的同时，降低了桌面端、服务器端调用的复杂性。

桌面端还提供了交互式三维探索分析模式。三维探索分析通过动态创建图形和编辑分析参数来进行各种形式的快速分析。交互式探索分析工具通过单击场景或使用输入数据图层来创建分析对象，可以在 3D 视图上修改分析参数，进行快速可见性分析。交互式分析工具包括视线分析、视域分析（图 4-16）、视穹（View Dome）分析、剖切分析、挖填方分析等。

图 4-16　GeoScene Pro 中的交互视域分析

　　GeoScene 还提供了基于深度学习的目标识别能力，可以在三维场景中直接交互式地识别所需目标，既提供了已经训练好的深度学习模型，实现即拿即用的交互式三维分析体验，也可以根据业务需要训练本地模型并打包成可分发复用的深度学习模型包。

2. Web 端

　　GeoScene 平台在 Web 端提供了丰富的分析接口以满足用户在线动态交互分析［如视线分析、剖切分析、量测分析、剖面分析（图 4-17）、动态阴影分析等］的需求，此外，还包括基于地形的三维分析能力，如通视分析等。

图 4-17　剖面分析呈现的建筑物高度分布

GeoScene

3. 移动端

GeoScene 平台同样提供了面向移动设备的原生开发接口，里面也提供了面向三维场景的交互分析接口，如视线分析、视域分析、量测分析等。

用户构建的三维系统可以运行在桌面端（C/S）、浏览器端（B/S），也可以运行在移动终端（M/S）。在面向业务应用需求的开发过程中，三维系统一方面可以与传统的二维分析工具相结合，实现二三维一体化的分析应用；另一方面也可以把用户业务分析模型融合到分析接口中，实现复杂的三维分析以满足实际的业务应用需求。

图 4-18 显示的是 BIM 施工过程中，为了避免潜在的冲突，在数字化三维场景中结合二维分析工具提前计算有可能存在冲突的构件。

图 4-18　结合二维分析工具实现复杂的三维分析运算

4.2.6　三维应用场景与展望

三维数据和传统的二维数据、影像数据一样，是地理信息表达的一种形式。三维数据以较为直观的表达形式、更多的信息承载力而受到越来越多用户的喜爱。计算机技术、网络传输的发展使得三维数据在网络上传输成为可能，未来三维数据也会像二维数据、影像数据一样成为基础底图的一部分。因此，围绕三维场景的应用形式在地图应用中的比例必将越来越大。

最近几年，三维应用在规划、自然资源、交通等领域都得到了长足的发展。随着CIM、自然资源部"实景三维中国"等概念的提出，三维场景将成为数据汇聚的中枢，并朝着服务于各行业应用的方向不断拓展，未来三维的应用场景将会异常广阔。汇聚地上建筑、地下管线、BIM 等三维场景数据的 CIM 应用系统如图 4-19 所示。

图 4-19　汇聚地上建筑、地下管线、BIM 等三维场景数据的 CIM 应用系统

4.3　时空大数据分析应用

时空大数据技术是随着社会生产力不断进步而产生的日益庞杂的数据集，以及对这些数据处理、分析和信息提取过程中所使用的数据存储模式、技术架构设计、分析场景设计等综合技术的总称，涵盖了从硬件基础设施、数据采集和存储、数据处理和分析、内容呈现和交互等多方面的内容。

4.3.1　时空大数据概述

21 世纪第二个 10 年，人类加速步入了时空大数据爆发式增长的时代。每个人、每个设备、每个组织，无时无刻不在产生数据，大到航天飞机、宇宙飞船，小到原子、粒子，从宏观到微观，都在产生和记录数据。这些数据具有丰富的业务信息、时间信息和空间信息，与此同时，数据规模也日益增长。例如，现在一个中等城市的手机信令数据，每天大约 10 亿条；一个省级气象站的小时观测数据，每月超过 2 亿条；高速公路点云采集数据，每年超过 130PB；省级生态红线数据单个要素节点数超过 100 万个。这些体量庞大的带有显著时空特征的数据及其潜在的应用价值，让我们清晰地看到，当今的大数据时代，也必定是一个时空大数据的时代。

面对如此庞大的海量时空数据集，如何进行有序、高效的时空数据组织和管理？如何对时空数据进行快速的分析计算和挖掘洞察？如何建立一套行之有效且解决业务难题的大数据分析模型库？如何适用于不同类型的分析场景？如何快速高质量地对时空数据进行可视化展示？这一系列内容是进行时空大数据建设中，业务者、开发者和决策者面临的难题和挑战。

在现有的技术和资源条件下，或许我们还远不能穷尽时空数据的所有问题和答案。唯有不断思考和探索，在应用实践和业务模式不断迭代的过程中，才能探索出一条行之有效的时空大数据建设和应用之路。

整体来说，GeoScene 时空大数据分析流程涵盖了时空大数据治理、时空大数据分析、时空大数据应用场景建设三个阶段（将分别在后续章节中进行详细介绍）（图 4-20）。

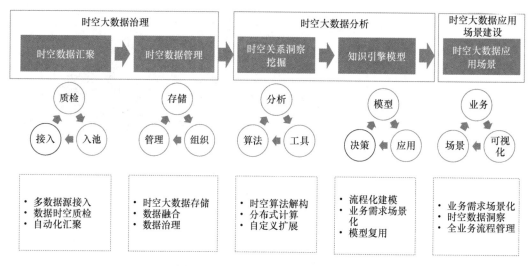

图 4-20　时空大数据分析体系建设

4.3.2　时空大数据来源

时空大数据来源多样，从数据获取方式来看，可以分为两大类：自然地理数据、人类生产生活数据。

（1）自然地理数据：是指物理世界客观存在的数据，如地球内部的地质体数据、地形结构构造数据、地形地貌数据、地下水系数据、地表植被数据、森林草原数据、山川河流数据、自然气象等客观存在的地理实体数据。

（2）人类生产生活数据：是指人类社会发展进程中再生产、再创造、再加工的数据，包括如下几个来源：①航天、航空飞机和无人机采集的遥感影像数据；②地表移动物体产生的数据，如车、船、人的移动轨迹所产生的数据；③感知数据，如气象观测站、环境监测站、交通摄像头、信号灯、视频监控等一系列数据源采集的数据；④人工采集数据，如基础测绘数据、自然资源数据、地理国情数据、专题测绘数据，各业务单位和业务领域产生的数据，如公安、环保、应急、交通等各领域依据业务规则产生的业务数据；⑤互联网实时数据，如网页数据、社交网络数据、用户行为日志、交易数据、订单数据、物流数据，等等。

4.3.3　时空大数据发展变迁

近 15 年来，时空大数据分析和应用模式的发展几经变迁，几乎每 3 ～ 5 年就会产生一次技术变革，这个过程纵向上包括了数据架构、平台架构、应用模式方面的演变，横向上可以划分为业务系统建设、基础平台建设、业务平台建设、服务平台建设四个阶段（图 4-21）。

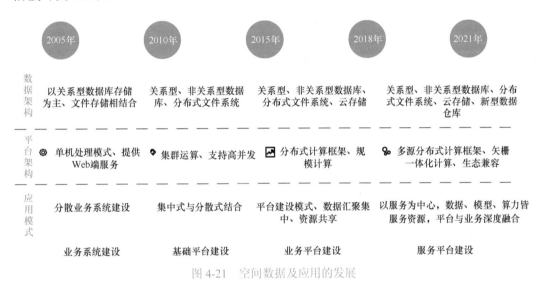

数据架构	以关系型数据库存储为主、文件存储相结合	关系型、非关系型数据库、分布式文件系统	关系型、非关系型数据库、分布式文件系统、云存储	关系型、非关系型数据库、分布式文件系统、云存储、新型数据仓库
平台架构	单机处理模式、提供 Web 端服务	集群运算、支持高并发	分布式计算框架、规模计算	多源分布式计算框架、矢栅一体化计算、生态兼容
应用模式	分散业务系统建设	集中式与分散式结合	平台建设模式、数据汇聚集中、资源共享	以服务为中心，数据、模型、算力皆服务资源，平台与业务深度融合
	业务系统建设	基础平台建设	业务平台建设	服务平台建设

图 4-21　空间数据及应用的发展

1. 业务系统建设阶段

空间数据的存储和组织以关系型数据库存储为主，其对 GIS 平台的需求主要是单机处理模式，通过 GIS Server 发布地图服务、要素服务、瓦片服务等，进行服务接口调用，实现数据查询、空间分析和可视化展示的交互式应用。这一阶段的业务需求重点是解决单一业务问题；存在性能较低、扩展性差等缺陷，如数据量增加、并发访问较高时，响应效率较低，系统缺少延展性和扩展性等。

2. 基础平台建设阶段

早期的数字城市地理空间框架建设，以数据库存储为主，结合分布式文件系统。这一时期对 GIS 平台的需求主要采用集群架构设计，如多集群、多站点、多节点模式，进行空间服务发布和接口提供，支持大规模并发访问，如公共服务平台中基础底图调用和访问，平均每天访问量 10 万次，要求响应时间在 1s 以内。这一阶段提升了用户并发请求的响应效率，但是在大规模数据运算、复杂业务规则处理中，空间分析算法有待改进，需要提升业务效率。

3. 业务平台建设阶段

不同行业逐渐累积的历史数据、业务数据日益增长，业务需求越来越复杂化和多样化。因此，这一阶段以平台建设为主，实现了空间数据统一集中管理和服务模式调用，以及空间数据分布式计算和处理，优化了传统业务模型和算法，极大提升了业务执行效率。这一阶段的明显特征是，针对 GIS 平台的能力，不仅提供高并发响应的支持，还在软件架构上进行了升级，以应对复杂数据模型运算。

4. 服务平台建设阶段

这一阶段数据存储以分布式文件系统、云存储模式为主，并且实现了数据资源的物理或逻辑汇聚和统一服务管理。对 GIS 平台的需求，则采用多源分布式计算框架，实现大规模矢量与栅格大数据融合分析计算，支持高并发、高计算响应；提供机器学习能力，实现时空数据洞察挖掘和分析预测；提供深度学习能力，进行大规模影像数据的特征识别和内容检测。同时还要做到生态兼容，如对不同操作系统、CPU 架构的兼容适配支持。

4.3.4 时空大数据治理

由于时空数据来源的广泛性和多样性，时空位置关系本身的不确定性，以及不同数据获取手段的不一致性，时空大数据在数据精度、空间几何、空间投影、数据结构、时空位置、要素分类分级等方面均存在不同程度的偏差，在实际业务应用的不同环节需要对数据结构和精度等诸多方面进行质量检查和必要的处理、转换等，以保证符合业务应用的要求。时空数据治理是时空数据分析挖掘应用的基石和前提，而如何治理，治理标准和流程又因为具体业务应用而有所不同。

整体来讲，数据治理是从时空数据本身出发，围绕数据进行的一系列流程化处理，依据数据的用途进行生命周期管理，针对时空数据中存在的一系列规则不一致、结构不一致、表达不一致等问题进行系统化处理。GeoScene GeoAnalytics Server Plus 产品提供了时空数据治理功能，涵盖五个部分，如图 4-22 所示。

1. 数据汇聚

把分散的、不同来源的时空数据和表格数据，进行统一汇聚和归集，依据规则对数据进行物理汇聚、逻辑汇聚。物理汇聚涵盖了数据抽取、转换、加载的实体数据转换过程；逻辑汇聚依据数据服务状态和形式进行接入和使用，旨在实现多来源、多类别、多时相、多结构的时空数据一体化存储，以及定时更新机制。

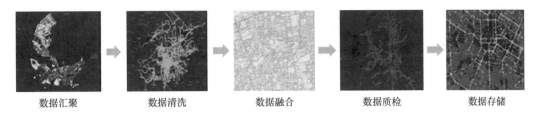

| 数据汇聚 | 数据清洗 | 数据融合 | 数据质检 | 数据存储 |

图 4-22　时空数据治理流程

2. 数据清洗

时空数据清洗，是数据从无序到有序的过程，包括空间数据结构检查和处理、空间数据自相交检查和处理、异常点检查和处理、空间数据投影检查、空值字段检查和处理、时空序列检查和处理等。这一过程对点、线、面等时空数据进行规则化处理，尤其针对体积庞大的位置数据，如手机信令数据、出租车运行数据、气象观测数据等。存在无效值时，需要使用大数据手段进行规则化处理，以提升数据质量。

3. 数据融合

时空数据融合有两方面理解：一方面是不同来源的同一类别数据，依据规则进行融合，如气象观测数据中，从国家站、区域站、其他监测站获取的多源数据，按照要素类别进行融合；另一方面是同一来源的不同结构数据，依据标准进行融合，如全国第二次土地调查中的地类图斑数据、线状地物数据融合，需要对线状地物数据依据设定的标准进行转面处理，然后进行融合扣除操作。

4. 数据质检

对空间数据和表格数据进行一系列相关的几何错误检查、拓扑关系检查、空间投影检查、数据结构检查等，从而提升进入大数据分析资源池的数据质量。

5. 数据存储

时空数据存储采用多种形式。依据数据实际业务用途，对于频繁更新的数据，采用要素服务形式进行发布；对于历史归档数据且用于大规模分析计算时，采用分布式文件系统或者云存储进行数据存储。

时空大数据治理工具如图 4-23 所示。

4.3.5　时空大数据分析

时空大数据分析是从大量时空数据中找寻规律、获取信息和价值的一种技术手段。GeoScene GeoAnalytics Server 提供了多种大数据分析工具和功能，这些分析工具依托于分布式计算框架，可以针对亿级、百亿级时空数据和表格数据进行快速处理和分析运算，并依据业务需求进行大数据分析模型构建。分析工具涵盖了数据治理、空间统计、模式分析与洞察预测等多方面的功能。

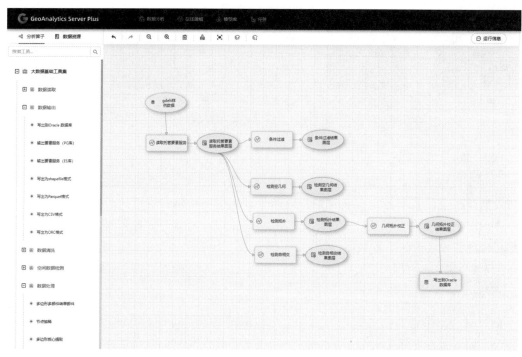

图 4-23　时空大数据治理工具

1. 时空大数据分析工具

时空大数据分析工具（图 4-24）和算子，依据用途可以分为六大类：

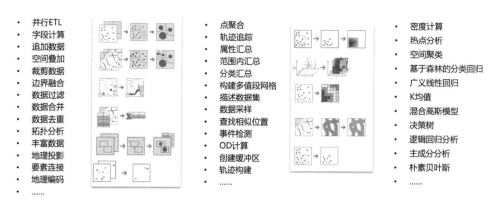

- 并行ETL
- 字段计算
- 追加数据
- 空间叠加
- 裁剪数据
- 边界融合
- 数据过滤
- 数据合并
- 数据去重
- 拓扑分析
- 丰富数据
- 地理投影
- 要素连接
- 地理编码
- ……

- 点聚合
- 轨迹追踪
- 属性汇总
- 范围内汇总
- 分类汇总
- 构建多值段网格
- 描述数据集
- 数据采样
- 查找相似位置
- 事件检测
- OD计算
- 创建缓冲区
- 轨迹构建
- ……

- 密度计算
- 热点分析
- 空间聚类
- 基于森林的分类回归
- 广义线性回归
- K均值
- 混合高斯模型
- 决策树
- 逻辑回归分析
- 主成分分析
- 朴素贝叶斯
- ……

图 4-24　时空大数据分析工具

1) 汇总数据

针对时空数据、表格数据进行空间汇总统计计算，包括要素与要素之间相交或者邻近关系的汇总统计、属性统计，同时包括属性项记录总数、长度、面积等基本特征的统计运算。涵盖了点聚合分析、空间要素连接、轨迹构建、属性汇总、范围内汇总、构建多值段网格、描述数据集等多个工具。

例如，通过对海量手机信令数据进行点聚合分析，并设置时空关系参数，可以从宏观上查看人群态势分布（图 4-25）。

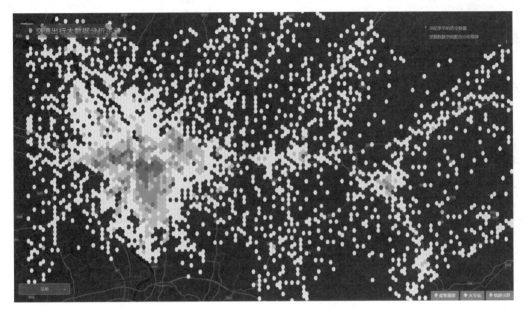

图 4-25　手机信令数据时空聚合展现人群分布

2) 查找位置

查找位置工具集提供了多种指标结合的时空区域分析，包括查找时空驻留区域、查找时空相似位置、异常事件时空检测等。其中，查找时空驻留区域工具，是根据追踪数据的时序确定驻留区域，可以用于移动物体的驻留区域检测。

图 4-26 为通过模拟的手机信令数据，结合地理空间数据，进行疫情时空关系洞察分析。利用查找时空驻留区域工具，可以细粒度查看出不同人群在指定空间和时间范围内的驻留情况和行动轨迹交叉情况。

3) 丰富数据

丰富数据是指构建地理空间格网单元，并把多维度的业务数据、属性数据、地理空间数据与网格单元进行多个维度的关联，通过空间相交、空间相邻等方法进行赋值，使得每一个格子具有丰富的业务属性，然后与待分析的数据结合，进行下一步分析。

一个典型的应用场景：利用多变量网格分析工具结合地理空间数据、警情数据，进行交通事故预测分析。通过把警情数据、坡度数据、路灯数据、路网数据、公交数据、人口数据等相关因子数据构建到一个多变量网格上，同时用多变量网格与警情数据进行关联，实现了丰富数据的作用。进一步把融合以后的数据，利用随机森林分类与回归机器学习工具，进行模型训练和值的预测（图 4-27），从而实现了一种地理空间赋能加洞察挖掘预测的智慧应用。

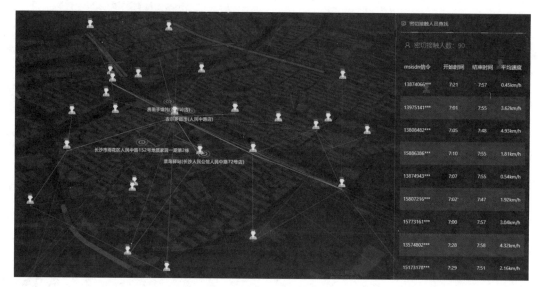

图 4-26 通过查找时空驻留区域进行疫情数据分析

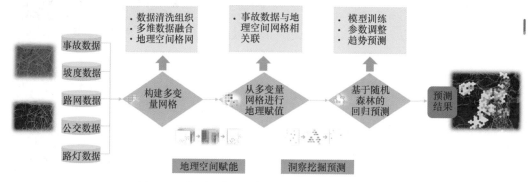

图 4-27 基于多变量网格交通事故数据的预测分析

4) 分析模式

分析模式提供了一组用于确定和量化数据处理关系的工具集，包括计算密度、查找热点、查找点聚类、基于随机森林的分类与回归分析、广义线性回归、地理加权回归分析工具。

图 4-28 结合出租车运行数据，通过一系列空间分析工具组建成大数据分析模型，对城市进行交通小区划分，同时与城市公共服务设施数据进行融合分析，使人们可以洞察城市运行体征，为区域发展态势评估提供新的视角。

5) 邻近分析

邻近分析工具组中以缓冲区分析工具为主，可以以三种方式创建缓冲区：①创建距要素指定距离的区域，所有要素绘制的缓冲区范围相同；②指定字段值进行缓冲区

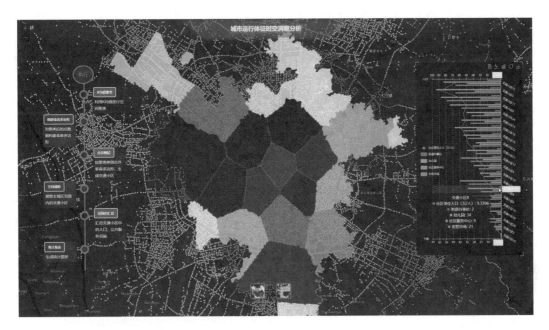

图 4-28　城市运行体征时空分析

创建，每个要素依据选择的字段进行缓冲区创建，同时可以选择指定字段进行融合；
③通过条件表达式进行缓冲区创建，不同要素基于表达式的值可以不同。

6) 管理数据

管理数据中提供了一系列对时空数据、表格数据进行处理和管理的工具集，包括
追加数据、计算字段、裁剪图层、复制数据、融合边界、合并图层、叠加图层等，其中，
叠加图层提供了两个空间数据的相交、擦除、联合、标识的功能。

这些工具可以即拿即用在业务场景中，如国土空间规划业务中常见的两个或多个
图层的空间叠加计算、面积汇总统计、冲突压盖分析等，均可以用叠加图层进行处理。
在自然资源三线冲突检测业务（图 4-29）中，通过对多个图层进行叠加分析，可以精确
查看不同用地类型之间的压盖情况。

2. 时空大数据分析模型

GeoScene 空间大数据分析工具和算子，可以依据业务需求进行模型构建，这是平
台的一大核心能力。通过分析接口 Rest API、Python API、RunPython Script 多种形式，
对接不同的数据源，进行多个分析工具和算子的组合，实现分析挖掘、洞察预测的能力，
从而更好地辅助决策。分析结果可以通过前端可视化方式呈现，或者通过 API 进行业
务系统集成。

模型构建整体思路如图 4-30 所示。

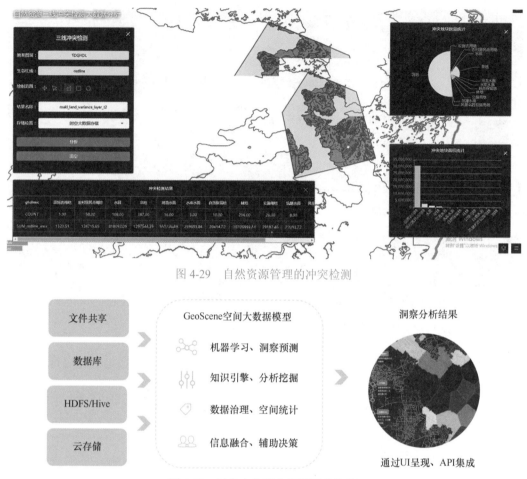

图 4-29　自然资源管理的冲突检测

文件共享 → GeoScene空间大数据模型 → 洞察分析结果

- 机器学习、洞察预测
- 知识引擎、分析挖掘
- 数据治理、空间统计
- 信息融合、辅助决策

通过UI呈现、API集成

图 4-30　时空大数据分析模型的构建

　　图 4-31 的基本农田冲突检测分析模型就是通过接入土地利用现状数据、地理国情数据，过滤出耕地属性，通过多个分析工具进行模型构建，来验证两者在空间上是否具有冲突的完整分析模型。

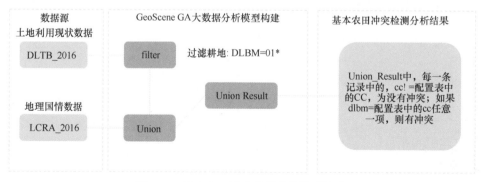

图 4-31　基本农田冲突检测分析模型构建

4.3.6　时空大数据应用场景建设

GeoScene 空间大数据功能已广泛应用于多个行业和专业领域，包括自然资源、农业、气象、交通、环保、电信等，均有深入的业务场景应用。

1. 土地利用变化监测分析

土地利用变化监测是将同类型、多时相的数据做对比，计算出哪些地块在空间范围及其利用性质上发生了变化，并统计出变化类型和变化面积。当我们关注的空间范围较广，其所含地块数量很多时，这个运算往往是千万级与千万级，乃至千万级与亿级数据的叠加分析运算（图 4-32）。

千万级国土数据、与一个多边形叠加分析计算
耗时：秒级

同类型、多时相数据做叠加，计算出变化内容
千万级与千万级、亿级叠加分析

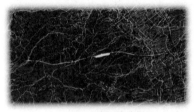

(a) 土地利用现状分析

2016年土地利用现状数据　　2017年土地利用现状数据

(b) 土地利用变化监测

图 4-32　土地利用分析的应用场景

类似业务场景的空间分析工作，长期以来一直存在四大难点：数据量大、运算困难、统计耗时、开发复杂（图 4-33），由于大量地调用和交互，其计算量是惊人的，其运算处理效率也很低。

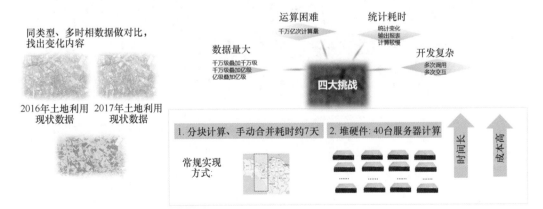

图 4-33　土地利用变化监测的四大难点

GeoScene 空间大数据，通过对业务和数据进行梳理对模型进行重构，采用 RunPython Script 接口对多个分析工具进行串联，Union 叠加分析工具、Calculate 字段计算工具、PySpark 方法进行串联，实现千万级数据空间叠加运算、属性统计和报表生成，前端直接进行变化结果输出和图表展示。

模型的四大优势：①通过 RunPython 串接模型，中间结果写入内存，极大提升分析效率；②同时利用 PySpark 高效能力，实现庞大数据的表格统计；③空间分析计算和复杂统计运算，均由后台服务器完成；④前端仅需要传入参数和结果展示即可，大大简化了业务流程，提高了生产效率（图 4-34）。

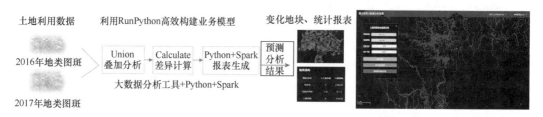

图 4-34　分析模型及优势

图 4-35 是土地利用变化监测在实际业务中的应用效果，可以看到每类地类变化面积统计柱状图，并查看详细的变化面积。

图 4-35　土地利用变化监测应用效果

2. 农业气象行业应用

农作物的生长与气象息息相关，而气象数据主要可分为站点数据和格点数据，为了将大量的气象站点数据应用到具体的业务中去，将气象观测数据和地形数据进行融合分析。以全国烤烟大田期生长适宜性评价（图 4-36）为例，利用 GeoScene 大数据分

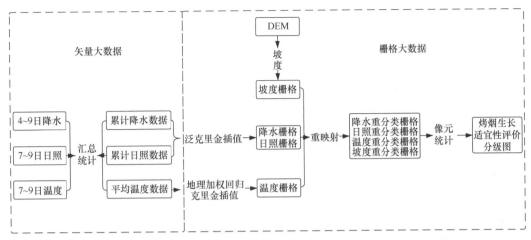

图 4-36　农作物生长适宜性评价

析能力进行农作物生长适宜性评价分析，实现多指标数据叠加计算，降低分析难度，提升了农作物生长适宜性分析的精度和分析效率。

在传统技术模式下，该分析耗时约 30 分钟，利用 GeoScene 空间大数据执行分析，约 2 分钟完成，效率提升了 14 倍左右。

3. 基于出租车数据的城市运行体征时空洞察分析

城市运行中的出租车数据具有灵活多样性特征，对数据进行清洗处理和空间分析，构建一系列分析场景，有助于更深刻洞察城市运行状态，结合公共服务设施等多维数据，可以进行交通小区、资源调配的地理格局分析（图 4-37）。

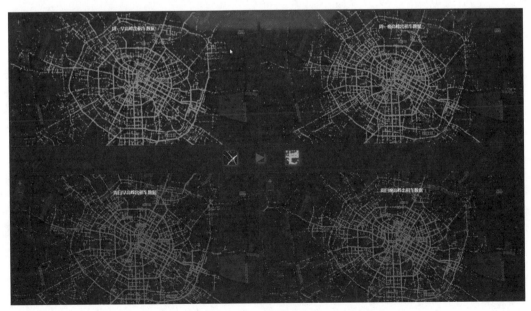

图 4-37　基于出租车数据的城市运行体征分析

图 4-38 通过出租车运行数据，进行工作日和周末的早晚高峰交通流量对比，可直观查看道路流量情况。首先，对数据进行清洗、处理，剔除无效数据。然后，进行轨迹构建和轨迹切割，查看每个车辆的历史运行轨迹。

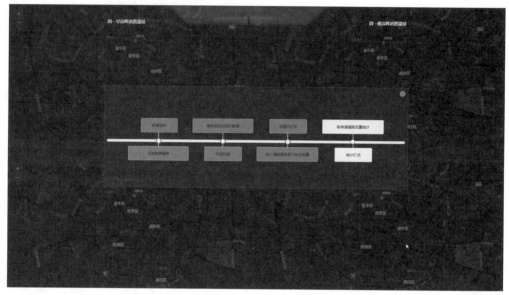

图 4-38　出租车轨迹构建

除此之外，还可以进行时空驻留区域分析，利用查找时空驻留区域工具，可以进行交通拥堵或者交通事故分析，以及停车位分析。通过设置空间分析范围为 100m，时间范围为 1 小时，可以看到，随着时间变化车辆的时空驻留态势（图 4-39）。

图 4-39　车辆时空驻留分析

4. 基于手机信令数据的人员出行大数据分析

人员出行大数据分析针对人员位置信息实现人员出行轨迹分析、出行流向分析，并结合道路交通网分析道路的实际负载量、交通枢纽的人员流向情况，辅助交通规划应用。

人员出行大数据分析以手机信令数据作为分析数据。手机信令数据存在数据体量大、包含大量人员的空间位置信息和时间信息的特点。这些信息在传统分析中，由于其清洗难度大及数据规模大导致无法使用。人员出行大数据分析首先需要对手机信令数据进行清洗，从中提取出行轨迹数据。然后结合道路交通路网、交通枢纽数据，分析道路的实际负载量、交通枢纽的人员流向情况（图 4-40 ～图 4-43）。

图 4-40　通过手机信令数据生成的人员位置信息

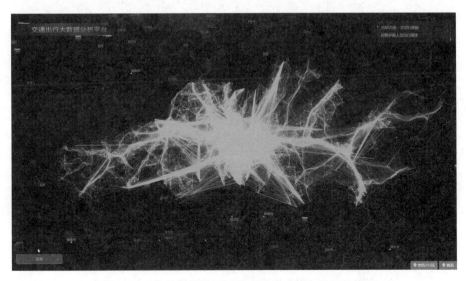

图 4-41　对人员位置根据时间连线生成的人员出行轨迹

图 4-42 将一天的人员出行轨迹与实际道路相关联后的分析结果（即道路全天的负载量）

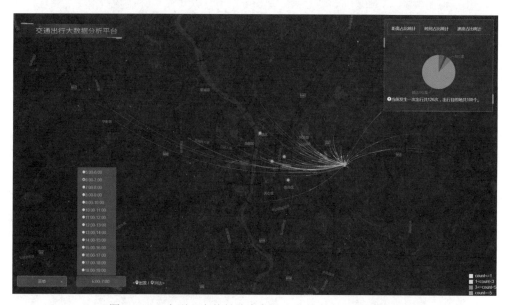

图 4-43 5 点到 6 点从长沙火车站出发的所有人员的流向

4.4 物联网与实时数据接入和处理

4.4.1 物联网与实时 GIS 概述

当今世界，物联网（IoT）的迅猛发展使得产生的实时数据量剧增，物联网中的传感器正是实时 GIS 数据源重要的组成部分。大到天上的卫星、奔驰在路上的汽车、各种交通测速仪，小到人们手中的智能移动设备、环保监测站点、某根管线上某个阀门处的芯片等，无处不在的传感器时时刻刻都在产生着鲜活的数据。越来越多的应用都需要在一个实时的 GIS 系统里得到解决。GeoScene GeoEvent Server 可将基于事件的实时数据流作为数据来源集成到 GeoScene 企业级 GIS 平台中。事件数据可以被过滤、处理并发送到多个目的地，使用户能够连接几乎任何类型的数据流，并在指定条件发生时自动进行反馈。

GeoEvent Server 将日常 GIS 应用转变为前线决策应用，帮助用户随时随地感知变化，更快地做出反应。借助 GeoEvent Server，用户能够使用输入连接器从多个实时数据流中获取事件数据。过滤器和处理器可以帮助用户发现并关注整个业务中感兴趣的事件、位置和阈值。

GeoEvent Server 为企业级 GIS 平台带来很多的功能，包含连接到实时数据源的功能、对流数据进行实时分析的功能、在检测到感兴趣的模式（事件、位置、阈值等）时通知的功能。

开发者还可以通过使用 GeoEvent Manager 或 GeoEvent Server 软件开发工具包（SDK）来扩展 GeoEvent Server 的功能。通过 GeoEvent Manager，可以使用软件中安装的可用组件（适配器和传输器）轻松创建新的输入和输出连接器。GeoEvent Server SDK 允许用户在 Java 中更灵活地开发新的输入和输出连接器，这些连接器可以连接到其他网络协议和数据格式。此外，还可以开发新的处理器，以根据业务需求定制实时分析。

从接入和分析实时数据源，到在检测到感兴趣的模式时可视化并通知操作人员和相关人员，GeoScene GeoEvent Server 具有广泛的功能，可用于多样化的行业。以下是应用场景的一小部分示例。

（1）实时数据接入。使用输入连接器将任何来源的实时数据输入 GeoEvent Server 中，可以让用户挖掘企业 GIS 平台中以前没有的新型数据。日常操作中，这种新型数据可以提供更多的态势感知和信息洞察能力。例如，水务工程部门可以从水管上的传感器网络中摄取数据，以检测和监控漏水情况；船舶和港口管理者可以跟踪船只在海洋上的位置，并监控船舶状态信息，如速度、航向等。

（2）实时处理和分析。通过利用 GeoEvent Server 中强大的实时分析功能，用户可以进一步过滤和处理实时数据源，以专注于最有价值的目标。一家石油天然气公司可能希望检测其管道上的压力传感器何时超过某个值；公安部门可能希望跟踪大型活动，如奥林匹克运动会、世界博览会前后社交媒体上的某些关键词或标签；一家建筑公司跟踪施工设备，希望检测到所有设备离开施工现场的时间。

（3）实时数据的可视化。能够在在线地图中可视化资产的位置、分布和属性，以离散或聚合的方式进行显示，可视化使企业或组织机构可以查看正在发生的事情及其地点或位置。基于同一幅 Web 地图，用户可以使用应用程序，如 Operations Dashboard 创建强大的实时仪表盘 Web 应用，监控、跟踪和评估成功运营的关键因素。应急管理机构可以跟踪和监控人员及车辆，以确保资产定位在事件期间最需要的地方。

（4）实时警报和通知。能够将事件发生的时间和地点向运营人员或第三方机构发出警报和通知，为他们提供必要的信息，以使其做出更明智的决定。使用丰富多样的输出连接器发送信息，包括且不限于更新 Web 地图中的地理要素，以及在检测到感兴趣的模式时发送电子邮件、短信消息等进行通知。

4.4.2　物联网实时数据的接入

GeoEvent Server 可以通过使用输入连接器从几乎任何来源接收事件数据。输入连接器是 GeoEvent 服务的组件，负责从数据源接收和解析事件数据。输入端从每个事件中检索属性值，并构建一个地理事件，然后通过任意的过滤器和处理器将其指向输出端。

GeoScene GeoEvent Server 可以与国际主流的物联网平台 Amazon IoT 和 Azure IoT 进行集成，为其提供时空数据的管理和可视化能力。同时，支持丰富的数据接入格式和数据接入的通信协议，无须开发即可使用，还支持全方面扩展，定制属于自己的实时 GIS 接入方案。其内置了主流的 Kafka 消息服务器用于集群节点之间的消息通信，有效支持实时大数据的高效接入并提供可扩展性。单节点每秒最高接入 6000 个事件，随着 GeoScene GeoEvent Server 节点和 GeoScene Data Store 节点数的增加，每秒能接入和处理输出的实时数据规模也相应地增大。

除了随软件安装的输入连接器，GeoEvent Server 仓库中还拥有用于接入其他类型的数据源的连接器。从该库中可以下载并部署用于社交媒体、自动车辆定位（AVL）（NMEA 0183 等）、公共交通、航班跟踪（FlightAware 等）、消息队列（ActiveMQ/MQTT）等的输入连接器，用来从以上渠道获得实时 GIS 数据流。

4.4.3　实时处理和分析

由一个输入连接器接收事件并发送到一个输出连接器，是 GeoEvent 服务的基础构成。除了输入和输出之外，用户还可以很容易地在服务中添加任意数量的过滤器和 / 或处理器，以便在接收到流数据时对其进行实时分析。

使用 GeoEvent Manager 中的服务设计器，可以轻松地创建一个 GeoEvent 服务，将输入和输出以及任何过滤器和 / 或处理器拖放到画布上，将这些元素连接在一起，然后发布服务。一旦发布，事件数据将开始流经 GeoEvent 服务。在监视器中可以实时查看输入和输出数据量确保数据流按照预期的方式通过 GeoEvent 服务。一个 GeoEvent 服务必须至少有一个输入和一个输出，可以在输入和输出之间添加若干个过滤器和处理器（图 4-44）。

过滤器是 GeoEvent 服务中可配置的元素，用于过滤（从流式事件数据中删除）不

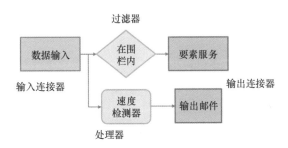

图 4-44　服务设计器示意图

满足指定标准的地理事件。过滤器一般是属性过滤器、空间过滤器或二者的组合。例如，利用地理事件与地理围栏（GeoFence）的空间关系可以监控移动目标是否在约束的范围内活动、是否超出了监控区域。此外，还可以使用事件定义的标签和正则表达式对地理事件进行过滤。

过滤器中引入了地理围栏的概念。地理围栏是一个虚拟边界（图 4-45），现实中可能存在一个围墙来标识出特定区域，也可能仅存在于计算机的一个地理要素数据，在现实中看不见摸不着。地理围栏早期由于定位设备成本较高，主要用于保护昂贵的资产，例如，地理围栏应用在畜牧业中，如果畜群走出了特定地理边界（地理围栏），管理者会得到警告。类似地，地理围栏还被应用于保护和监测公司的车队，如果某辆车离开了该区域，会通知公司经理。而在智能手机普及、万物互联的今天，任何开发人员都可以借助多种途径获得设备位置，地理围栏的应用也因此更加广泛。例如地理围栏应用于智能家居控制，当你到达家附近时，家里的空调提前打开，离开家时，智能手机告诉你门已锁好。地理围栏也应用于安防，如幼儿园的地理围栏避免孩子走失；嫌疑人佩戴电子脚镣配合地理围栏限制其不得离开特定区域。地理围栏也应用于共享经济中，如限制共享单车 / 充电宝离开其服务区。地理围栏还应用于基于位置的广告，通过判断某时到达某地（地理围栏），在设备或应用上精准投放广告。知名互联网公司与本地商家合作，发掘潜在需求，刺激消费者走入门店，并因此取得了商业成功。

图 4-45　地理围栏示意图

地理围栏搭配空间过滤器使用，提供了包含、相交、进入、退出、重叠等多达 12 种状态的空间运算。

在内——如果地理事件的空间几何全部在地理围栏定义的区域内，则认为地理事件的空间几何在地理围栏内部。该运算符可确定和地理事件相关联的点是否在感兴趣的区域内。

在外——如果地理事件的空间几何全部在地理围栏定义的区域外，则认为地理事件的空间几何在地理围栏外部。该运算符可确定和地理事件相关联的点是否在感兴趣的区域外（图 4-46）。

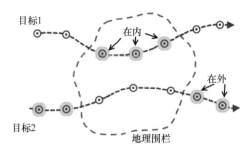

图 4-46　空间过滤器用于确定 GeoEvent 何时在地理围栏内部和外部

进入——当同一追踪的前一个地理事件位于地理围栏外部时，如果当前地理事件的空间几何在地理围栏定义的区域内，则认为地理事件的空间几何进入了地理围栏。在检测到进入条件后，地理事件便可通过过滤器。在识别另一次进入前，追踪的对象必须至少报告一个地理围栏外部的事件。

退出——当同一追踪的前一个地理事件位于地理围栏内部时，如果当前地理事件的空间几何在地理围栏定义的区域外，则认为地理事件的空间几何退出了地理围栏。在检测到退出条件后，地理事件便可通过过滤器。在识别另一次退出前，追踪的对象必须至少报告一个地理围栏内部的事件（图 4-47）。

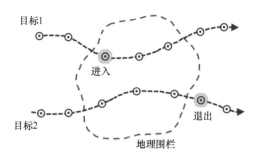

图 4-47　空间过滤器用于确定 GeoEvent 何时进入和退出地理围栏

包含——如果地理围栏是某个事件的空间几何的子集，且这两个空间几何的交集不为空，该事件的空间几何将包含地理围栏。"包含"与"位于"在逻辑上相反。点几何不能包含折线或面，因此与事件关联的点不能包含作为地理围栏导入的线或区域（图 4-48）。

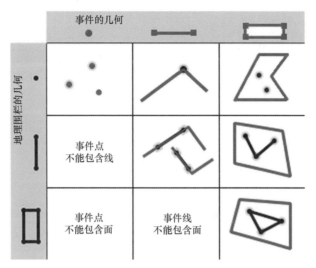

图 4-48　包含空间运算符示意图

位于——当两个空间几何相交并且它们内部的交集不为空时，则认为事件的空间几何被包含在地理事件内。"位于"与"包含"在逻辑上相反（图 4-49）。

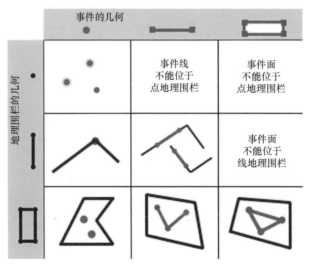

图 4-49　位于空间运算符示意图

还有其他 6 种空间运算符，这里不再详细列出。

处理器是 GeoEvent 服务中可配置的元素，在接收到事件数据时对其执行特定的操作，例如，在流数据从输入到输出的过程中对其进行识别或提炼。

GeoEvent Server 内置了很多处理器，包括缓冲区创建器、字段计算器、字段缩减器、字段映射器、地理标签、事件检测器、轨迹间隙、联合创建器等，可以满足用户多种业务需求。实时扇区计算器（Range fan Calculator）可以灵活动态地表现目标的视域 /

监控范围，从而及时了解有哪些区域没有被覆盖到；地理标签（GeoTagger）可以为数据打上标签，以便知道数据采集自哪里，或者经过了哪些区域；事件检测器（Incident Detector）可以设置监测条件以便判断某些事件是否发生，如设置一段时间内若速度值均大于 120km/h 则判断车辆超速行驶从而及时发出报警提醒等。

总之，用户可以通过实时分析和处理功能发掘新的应用场景。实时分析和处理可以给用户带来更多应用价值，而处理后的数据会流向一个或多个输出端。

4.4.4　多目标实时反馈与更新

实时分析后的事件数据可以被同时发送到不同的目标。输出连接器是 GeoEvent 服务的组件，负责将处理后的事件数据以预期的格式通过预定的通信协议和频道发送给接收端。每个 GeoEvent 服务必须至少包括一个输出，也可以选择添加多个输出目标，当检测到感兴趣的模式时，能够向多个目标发送更新和警报。

输出连接器，包括输出到事件中心 Kafka 的指定 Topic；一些基本的通信协议（如 TCP、UDP、HTTP、WebSocket）和一些基本的格式（如 XML、JSON、CSV）的组合；以及将地理事件添加或更新企业 GIS 平台中的要素服务，输出到企业级 GIS 平台的时空大数据存储，推送数据到企业 GIS 平台中的流服务。除了基本输出类型，从 GeoEvent Server 仓库中，用户可以下载并部署用于社交媒体、消息队列（ActiveMQ/MQTT）等的输出连接器。开发者还可以使用 GeoEvent Server SDK 开发定制输出连接器。

对于在线地图应用而言，实时大数据的更新基于实时存储和查询：GeoScene GeoEvent Server 可将接收到的实时数据写入 GeoScene Data Store 的时空大数据存储中，并提供要素服务的标准接口用来实时查询数据。GeoScene Data Store 的时空大数据库基于高效查询的 Elasticsearch 分布式搜索引擎开发，具有多节点部署和存储的特点。与传统的关系型数据库相比，时空大数据库存储和查询效率都极大提高，实现了实时大数据的高效读写，将实时历史数据都予以归档保留，充分发挥了历史数据的巨大价值。

表 4-1 显示的是时空大数据存储效率。传统关系型数据库不支持分布式多节点的架构，最多每秒能写入 0.2KB 的数据量，而 GeoScene Data Store 单个节点每秒可写入 106KB，随着节点数的增多，写入速度还会更快，5 个节点时每秒可写入 249KB。

表 4-1　时空大数据存储效率

方式	存储写入速度				
	单节点	2 节点	3 节点	4 节点	5 节点
时空型存储	106KB/s	143KB/s	192KB/s	224KB/s	249KB/s
关系型存储	0.2KB/s	不适用	不适用	不适用	不适用

基于时空大数据存储的数据查询也远远超过关系型数据库。例如，对存储在 GeoScene Data Store 时空大数据库中的 2800 多万条记录进行属性、时间和空间三个字

段联合查询时，只花了 83ms 就得到了 60 条查询结果，而这个数据量级，在传统的关系型数据库中进行同样的查询可能需要数小时。

4.4.5　实时可视化与构建实时 GIS 应用

　　GeoScene 平台提供了多种实时数据可视化的方式，其中最主要的是输出到流服务推送的要素显示和输出到时空大数据存储的实时动态聚合的显示效果。

　　对于流服务（stream service）输出的实时要素，可以在二维或者三维场景中以具体要素的方式进行显示，可以给要素配置各种专业和形象的二维和三维的符号以增强逼真的动态展示效果，如飞机的模型或公交车的符号（图 4-50 和图 4-51）。

图 4-50　逼真的三维飞机模型

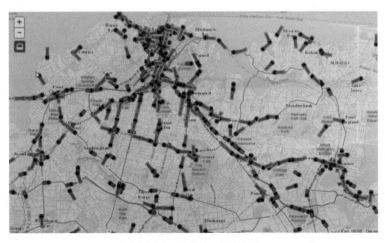

图 4-51　公交车地图符号

　　输出到时空大数据存储会创建一个增强的地图服务，提供实时动态聚合的能力。将实时数据接入 GeoScene 平台进行实时动态聚合显示，用户可以一目了然地看出每一时刻的数据状态，以及当前时刻的密度分布。这种聚合的可视化效果支持实时大数据的动态展示（图4-52），非常实用。

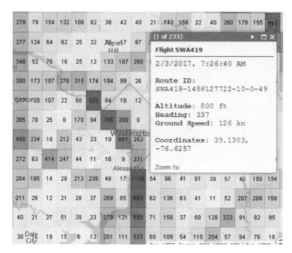

图 4-52　动态聚合视图

GeoScene 平台提供了丰富的客户端，借助这些丰富的终端，如 GeoScene Portal、Web AppBuilder、Operations Dashboard、GeoScene Pro、Insights 等，用户无须任何开发，即可快速创建实时 GIS 应用，实现实时数据的可视化、查询，甚至是分析。

Operations Dashboard 可以应用于静态目标（如水流量传感器、压力传感器、火灾监测点、气象站等）的监控（图4-53）。智慧城市中的水、电、气的实时数据都可以通

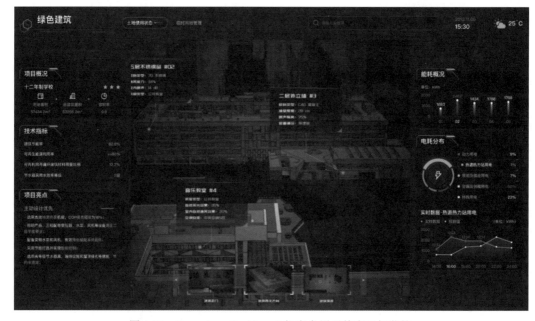

图 4-53　Operations Dashboard 仪表盘用于静态目标监控

过 GeoEvent 接入 GeoScene 平台的 Operations Dashboard 仪表盘应用中，在地图上标识它们，并展示与之关联的实时数值变化和实时统计的图表，以提供实时监测城市能源供应情况的能力，这在保障智慧城市的运行中起到关键作用。

物联网与实时数据接入 GIS 平台可以用于监控动态（如飞机、车辆、动物、台风等）的目标（图 4-54）。智慧城市中公交车的实时位置和运行速度与燃油量、载客数等数据可以通过 GeoEvent 接入 GeoScene 平台中作为要素服务。通过使用 Web AppBuilder 构建应用程序，可以在地图上展示它们的实时位置和状态信息。借助编辑面要素的功能实现对地理围栏的绘制、清除和保存，以指定监控区域，接收车辆进入监控区域的实时消息，并通过监控视频观看车辆运行状态。

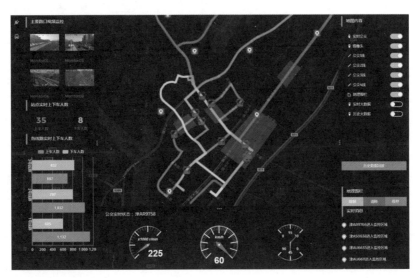

图 4-54　动态目标监控

4.5　影像大数据

4.5.1　影像大数据综述

近年来随着卫星遥感与空间信息服务行业需求的增长和鼓励政策的落地，国内遥感卫星的发射数量逐年增加。根据忧思科学家联盟（The Union of Concerned Scientists, UCS）发布的数据，截至 2020 年 7 月，全球共有在轨活跃卫星 2787 颗，其中，遥感卫星 824 颗，占比 29.57%。我国共有在轨活跃卫星 375 颗，其中，遥感卫星 181 颗，占比 48.27%。2012 ～ 2020 年中国遥感卫星与卫星发射数量如图 4-55 所示。

遥感卫星为我们提供了多层次、多角度、多谱段、多维度、多时相的遥感数据，在数据层面上已经体现了体量大、种类多的特征。2007 ～ 2018 年，中国资源卫星应用中心陆地遥感数据存档量从 0.18PB 增长到 35PB，增长了 193 倍。截至 2019 年，中国

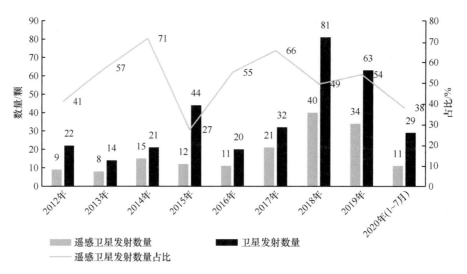

图 4-55　2012 ～ 2020 年中国遥感卫星与卫星发射数量（颗）

资源卫星应用中心共分发遥感卫星数据 3000 余万景，其中，分辨率优于 2.5m 的数据分发量为 2100 余万景。

面对海量影像数据，如何进行快速处理、高效存储、管理和共享，缩短影像从获取到使用的时间，为公众、政府和企业提供满足需要的数据服务，迫切需要解决。

基于 GeoScene 平台的影像能力，可实现大规模影像数据的生产、存储、管理、实时处理、分析和共享。共享出来的影像资源，可以直接通过桌面应用、Web 应用和移动设备访问，从而最大化影像价值。下面从影像预处理、管理方式及分析三个方面介绍 GeoScene 平台的影像能力。

4.5.2　影像预处理

影像预处理即影像数据的纠正与重建的过程，主要是纠正遥感成像过程中，传感器（如姿态的变化、高度、速度、大气干扰）、地形等因素造成的遥感影像的几何畸变与信息误差。影像预处理是遥感应用的第一步，也是非常重要的一步。一般流程包括辐射校正、几何校正和正射校正。

1. 辐射校正

遥感影像通常是用无量纲的数字量化值（DN）记录信息的。在进行分析时，通常将 DN 值转换为辐射亮度值、反射率等物理量。受传感器、大气、太阳高度角等因素影响，传感器记录的遥感数据与地物的实际电磁波信息有一定差异，会影响 DN 值。辐射校正的目的是消除以上因素的干扰，使遥感数据能够真实反映地物电磁波的强度和分布。GeoScene 中，可通过辐射校正函数对影像进行辐射校正。

2. 几何校正

遥感成像过程中，受传感器本身高度、姿态、地球曲率等因素的综合影响，原始图像上地物的几何位置、形状、大小、尺寸、方位等特征与其对应的地面地物的特征往往是不一致的，这种不一致就是几何变形。几何校正的目的是修正这些因素导致的变形。GeoScene 中提供地理配准功能对影像进行几何校正。

3. 正射校正

正射校正（ortho mapping）将镶嵌数据集、摄影测量技术、区域网平差技术相结合，基于重叠区、地面控制点、相机模型、DEM 等进行平差计算并将平差结果应用，从而获得高精度的镶嵌正射影像。同时，正射校正还支持基于立体像对（卫星）的点云、DSM 生产，是国产卫星管理与底图处理的最佳工具。正射校正工作流如图 4-56 所示。

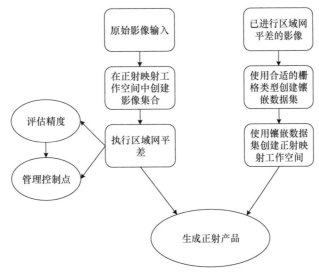

图 4-56　正射校正工作流

此工作流既适用于原始影像，也适用于进行过区域网平差的影像。图 4-57 是使用 GeoScene Ortho Mapping 处理"资源三号"立体影像的结果。

对于影像的存储格式、金字塔、压缩等和影像读写效率相关的内容，将在下一节影像管理方式中介绍。

4.5.3　影像管理方式

各种不同来源的影像和栅格数据的集合，最好使用镶嵌数据集进行管理。

镶嵌数据集的优势是：①以目录集合的形式管理数据，无须考虑空间分辨率、光谱分辨率、时间分辨率以及辐射分辨率的差异，并且对影像的元数据具有完全访问权

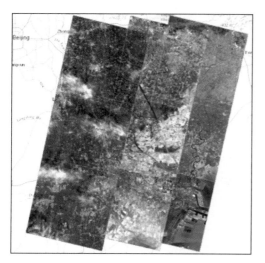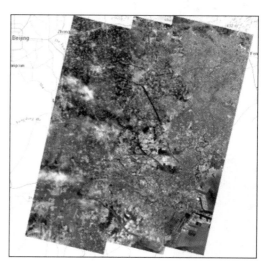

图 4-57　区域网平差后结果

限；②以动态方式提供镶嵌影像或提供单个影像的访问权限；③可以进行动态处理数据以及作为数据集或影像服务共享。通过访问镶嵌数据集就可以获取所需的影像数据，从而简化维护和开发应用程序的工作流程。

镶嵌数据集中的每条记录都可以访问，从而支持影像查询（图 4-58）。"镶嵌"后的影像与栅格数据集类似，呈现为连续数据集，并且可以使用处理栅格的工具。虽然被管理的影像是海量的，但镶嵌数据集所占空间很小。因为镶嵌数据集不控制源数据，仅包含指向源数据的指针。也就是说，镶嵌数据集只是引用源数据，而不是将源数据添加到其中。

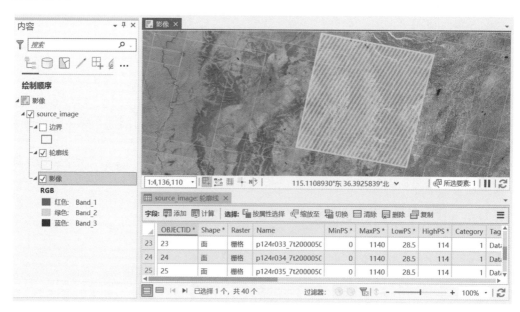

图 4-58　镶嵌数据集支持查询

1. 镶嵌数据集的配置概述

镶嵌数据集是地理数据库中的数据模型，采用"文件 + 数据库"的存储和管理方式，基本设计是一个包含一组影像的数据模型。在这一设计中，每景影像作为单独的项目添加到镶嵌数据集中，并表示为属性表中的一条记录。

管理不同类型的数据，镶嵌数据集的组织可能会变得更加复杂。通常来说，将镶嵌数据集分成两种类型会更具优势：一种主要用于管理；另一种用于发布。这种分离有利于进行组织。

图 4-59 说明用于管理和发布影像的两种标准组合。一种是源镶嵌数据集→引用镶嵌数据集；另一种是源镶嵌数据集→派生镶嵌数据集→引用镶嵌数据集。

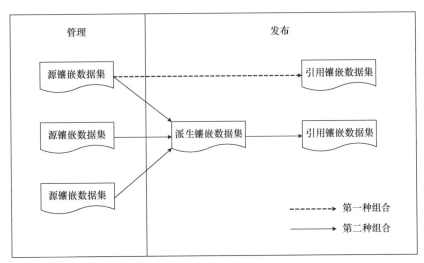

图 4-59　用于管理和发布影像的两种标准组合

源镶嵌数据集用于管理影像。通常包含一组相似的影像，如相同波段数、坐标系、位深等信息。有时会使用许多这样的源镶嵌数据集来管理不同的集合。这些源镶嵌数据集可以直接发布或者用作其他镶嵌数据集的源。

派生镶嵌数据集用于单一集合的影像集合，通常是一个或多个源镶嵌数据集。例如，它可能是所有真彩色影像的集合，而源来自多个源镶嵌数据集。源镶嵌数据集添加到派生镶嵌数据集时，源镶嵌数据集可作为镶嵌结果（一条记录）添加，也可保持原样（多条记录）添加。后者便于影像查询。

引用镶嵌数据集和源镶嵌数据集类似，但是无法向引用镶嵌数据集添加其他栅格。使用引用镶嵌数据集，可避免使用者修改源镶嵌数据集或派生镶嵌数据集，因为这些修改可能会影响其他使用者。

使用单个镶嵌数据集管理所有影像时，数据在影像类型、波段数和位深方面相似的情况下比较理想。不过，如果有包含来自不同传感器的数据，最好将影像划分为多个更小的、数据特定的集合。这些特定集合中所有影像都具有相似的源、相同的波段数和位深，这会使镶嵌数据集的设置和维护得到简化。独立的源镶嵌数据集更易于管理，之后可将其合并以创建具有特定用途且可发布的镶嵌数据集。

2. 镶嵌数据集的组织示例

1) 管理全国高分辨率分幅正射影像

全国高分辨率分幅正射影像，3 波段、位深是无符号 8 位，分县存放在文件夹中，约 4000 万幅，总量大概 500TB，将作为底图使用，在大比例尺下进行查看。该数据的组织方式有两种：组织为单个镶嵌数据集，或组织为相互独立的源镶嵌数据集和一个合并的派生镶嵌数据集。使用源镶嵌数据集和派生镶嵌数据集的组合通常便于管理，同时可以保持最佳性能。

方式一：组织为单个镶嵌数据集。创建一个镶嵌数据集，然后将文件夹中所有影像都添加到镶嵌数据集中（图 4-60）。

图 4-60　使用单个镶嵌数据集管理

方式二：组织为相互独立的源镶嵌数据集和一个合并的派生镶嵌数据集。分县建立源镶嵌数据集，添加对应县的影像。再建一个派生镶嵌数据集，将源镶嵌数据集添加到派生镶嵌数据集中（图 4-61）。

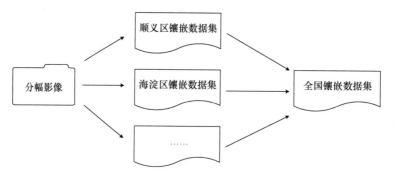

图 4-61　使用源镶嵌数据集和派生镶嵌数据集管理

本示例中，正射影像是作为底图使用，不需要单景影像的查询功能。所以，在将分县的源镶嵌数据集添加到全国镶嵌数据集时，分县镶嵌数据集作为镶嵌结果（一条记录）添加到全国镶嵌数据集中。

2) 管理全国不同年份 Landsat 8 影像

2014 年、2018 年、2021 年 Landsat 8 影像，L4 级别（经辐射校正、几何校正和几何精校正，同时采用数字高程模型 DEM 纠正了地势起伏造成的视差产品），带有元数据文件。影像要进行分发，需要具有查询单景影像的功能。最好的管理方式是新建三个年份的源镶嵌数据集，然后将源镶嵌数据集添加到派生镶嵌数据集中。

在添加影像到镶嵌数据集时栅格类型采用 Landsat 8，这样可以直接读取元数据文件的产品融合后的影像，无须先对影像进行融合处理。在每个源镶嵌数据集中构建概视图（类似于栅格数据集金字塔），保证小比例尺下镶嵌数据集可以显示。然后分别添加日期字段、日期属性。再创建派生镶嵌数据集（图 4-62），将源镶嵌数据集以"表"（采用多条记录）的方式进行添加，以便后续查询。显示时，可以基于日期字段排序，让最新年份的数据优先显示。

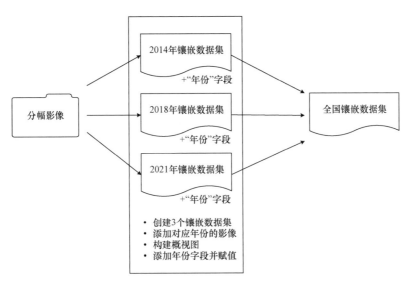

图 4-62　使用镶嵌数据集管理不同年份影像

3. 影像管理前的准备工作

使用镶嵌数据集来管理和发布影像时，可通过将影像集合镶嵌在一起或者生成多个输出这样的传统方法来节省时间。不过，有时可能要做一些准备工作，以提高镶嵌数据集的创建效率和显示速度。需考虑以下几个方面：

1) 存储系统

面对海量影像时，不可能将完整的影像读到内存中，因此系统有必要根据需要从磁盘系统中读取影像。因此，磁盘系统的性能是很重要的，当使用不分层、无压缩的格式时，磁盘系统的性能就显得更加重要，因为读取影像会给磁盘带来更多的负荷。当然，同时访问服务器的用户数量较多，也会给服务器带来额外的负载。当影像存储在与服务器不同的位置并通过网络连接时，网络会很快成为瓶颈。许多与影像服务器实现性能差有关的问题都与不良的存储系统有关。磁盘子系统的性能差异很大，在大多数情况下，性能要么很好，要么很差。不像 CPU 和内存的性能，一般以百分比来衡量差异，不同存储系统的性能往往可以相差 10 倍。

对于较小的专用系统，一般采用直连式存储（DAS）系统。其成本低、性能高，但可扩展性有限。在某些情况下，拥有一台专门为影像配置的服务器，并将影像放在专用的 DAS 上，这可能是比较合适的。要想扩展两倍和 / 或拥有 100% 的冗余，需复制服务器并镜像 DAS，但这种方法的扩展性有限。

对于大型系统，一般建议使用网络连接式存储（NAS），这样可以更简单地扩展服务器的数量。通常建议有一个单独的 NAS，专门用于影像。这使得 NAS 可以使用专用的交换机和网卡或使用专用的光纤通道连接到服务器，并且可以消除与网络上其他流量的潜在竞争。

云基础设施提供了 Blob 存储，如 Amazon Web Services S3、Azure Blob、阿里云 OSS（Alibaba）、华为云 OBS（Huawei）以及 WebHDFS 存储。这样的存储成本低，但延迟比直接访问存储更差，可以通过使用适当的数据结构来克服。

每种存储系统都有其优缺点，在利用镶嵌数据集进行影像存储的过程中，到底选择哪种存储系统？需要通过多比较，从成本、快速部署的难易程度、后期维护、安全性、可扩充性等方面仔细衡量之后找到答案。

2) 存储格式

一般来说，最好让影像保持其原始格式。当对影像进行处理时（如改变投影），会对像元进行重采样，导致质量下降、生成 NoData 区域以及管理辅助文件等问题。对于用于分析或解译的影像，最好（有时也是必要的）确保像素值不改变。

在某些情况下，建议改变影像的格式，以使其访问速度更快。这并不涉及对影像进行重采样或改变结构，但会造成数据重复。原始数据往往就会被存档。在格式转换中，可以选择有损或无损压缩。

对于要处理的任何一组像素，必须从存储中读取这些像素。如果减少要读取的数据量，可以提高性能。影像压缩可以大幅减少读取的数据量。通常，一幅自然彩色影像可以压缩 50% ~ 99%，而影像质量的差异可以忽略不计。这样的压缩可以大幅减少从磁盘读取的数据量，对性能有积极的影响，特别是对驱动系统较慢的系统。

推荐两种影像格式：

（1）TIF，内部带有金字塔和合适的 JPEG 或 LZW 压缩方式的切片文件。这是最通用的标准格式，最适合大多数应用程序。

（2）CRF（cloud raster format）。CRF 是一种用于栅格分析的格式，但也可以作为栅格数据集使用。它为写入和读取大文件进行了优化。在内部，大型栅格被分解成较小的切片，这允许多个进程同时写入单个栅格。

许多单位收到的是已经处理好的影像，这些影像经过正射、色彩平衡和镶嵌处理后，覆盖了大片区域。在某些情况下，这些数据被分割成矩形图幅。在其他情况下，数据被合并成一个大文件。单个大文件的创建和使用可能会出现问题，所以通常被分成多个图幅。

在 GeoScene 中，处理这种非常大的栅格的最佳方式是使用切片缓存或 CRF 格式。这两种格式都是为了处理非常大的数据集，并在内部将虚拟栅格分割成多个文件。

如果数据不是以切片缓存或 CRF 的形式交付，那么这样的数据应该使用 TIF 格式并分幅存储，每个文件最好不超过 1GB。图幅之间也应该有一定的重叠（约 50 像素）。这种重叠可以减少数据投射时可能出现的伪影，特别是在小比例尺下。

影像存储格式如 .jpg、.asc、.dem、.jp2、.ecw、.flt，内部不带切片的 tif，当数据量较大时，读取速度相对较慢，建议优化数据格式。对于 .nitf、.sid（MrSID）格式，读取速度相对较快，一般情况下，无须优化数据格式。

3) 金字塔

如果影像的行和列数超过 2000 行，最好创建金字塔。金字塔是低分辨率的影像，在小比例尺下访问速度更快。金字塔可以在文件内部，也可以是外部的 .ovr 文件或 .rrd 文件形式。创建外部金字塔的优点是不修改原始文件，如果有必要，可以很容易地删除它们以减少空间。

在大多数情况下，即使原始影像不压缩，金字塔也可以被压缩，因为分析通常不会在文件的金字塔上进行。如果数据源和金字塔没有被压缩，金字塔将占用 1/3 的额外存储空间。如果数据源没有被压缩，金字塔被压缩，那么额外的存储空间可以小到原始大小的百分之几。

4) 统计值

使用统计数据主要是为了确保显示影像时，默认显示是合适的。如果影像数据存在统计数据，GeoScene 将对影像进行拉伸，使影像看起来更亮。如果不存在统计数据，那么在显示单幅影像时，系统将尝试通过读取影像的中心部分来近似统计。作为一般规则，应该为卫星和高程数据创建统计数据，因为数据有效值的范围可能很大，显示时可能是黑色。如果使用已经过预处理的影像，如颜色校正的影像，则不需要统计，因为这类影像不应该被拉伸。

4.5.4　影像分析

遥感影像数据管理及可视化本身就很有价值，如通过影像切片制作地理底图等，但这些数据的真正价值在于信息提取，影像分析提取的工作不局限于端，其既可以在桌面端进行，也可以在 Web 端进行。

GeoScene Pro 提供了丰富的影像分析工具，如影像分割和分类、深度学习、变化检测、栅格创建、栅格综合等（图 4-63），还提供了 150 多个栅格函数，如 NDVI、使用趋势预测、坡向 – 坡度等（图 4-64）。两个分类间的变化检测如图 4-65 所示。

▲ 🗃 Image Analyst 工具	▲ 🗃 Spatial Analyst 工具	▷ 🔩 密度分析
▷ 🔩 变化检测	▷ 🔩 Groundwater	▷ 🔩 区域分析
▷ 🔩 地图代数	▷ 🔩 表面分析	▷ 🔩 数学分析
▷ 🔩 叠加分析	▷ 🔩 插值分析	▷ 🔩 水文分析
▷ 🔩 动态视频影像	▷ 🔩 地图代数	▷ 🔩 太阳辐射
▷ 🔩 多维分析	▷ 🔩 叠加分析	▷ 🔩 提取分析
▷ 🔩 深度学习	▷ 🔩 多维分析	▷ 🔩 条件分析
▷ 🔩 数学分析	▷ 🔩 多元分析	▷ 🔩 影像分割和分类
▷ 🔩 提取分析	▷ 🔩 局部分析	▷ 🔩 栅格创建
▷ 🔩 统计	▷ 🔩 距离	▷ 🔩 栅格综合
▷ 🔩 影像分割和分类	▷ 🔩 邻域分析	▷ 🔩 重分类

图 4-63　影像分析工具箱

图 4-64　部分栅格函数

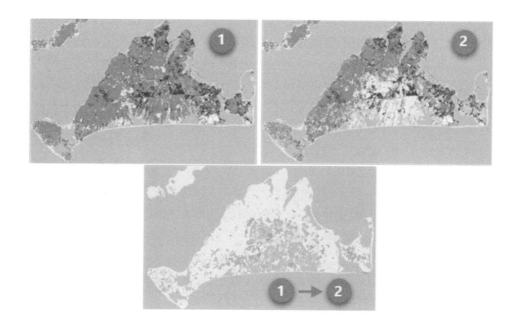

图 4-65　两个分类栅格间的变化检测

影像分析服务器 GeoScene Image Server 不仅提供了基于镶嵌数据集的动态影像服务功能，还提供了分布式的栅格大数据分析功能，其可以从大规模的卫星、航空影像数据中快速提取有价值的信息。由于分布式的栅格大数据分析功能主要是针对大规模影像，栅格大数据分析需采用集群环境。为了减少其对动态影像服务的影响，可与动态影像服务使用不同的站点。基于 GeoScene Enterprise 的基础环境，联合具有 GeoScene Image Server 许可的计算集群，设置分布式的栅格存储，即可以使用分布式的栅格大数据分析功能。下面，以太阳能选址为例介绍影像大数据的分析功能。

太阳能发电技术的竞争已成为各国是否掌握未来发展主动权的较量，具有重大而长远的战略意义。太阳能光伏电厂选址涉及多种因素，其位置的选择对发电成本有直接影响，科学合理建设光伏电站，才能有效利用太阳能。采用 30m 分辨率影像，选取平均温度、高程、地表覆盖、平均降水四个影响因子，使用栅格函数链在桌面端和 Web 端进行光伏电厂适宜性选址分析（图 4-66）。

结果如图 4-67 所示。

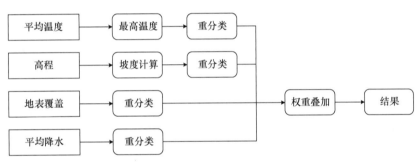

图 4-66　光伏电厂适宜性选址流程

图 4-67　光伏电厂选址适宜性评价结果

在桌面端 GeoScene Pro 中用时近 6 个小时，在 Web 端使用分布式栅格大数据进行分析（8 核 CPU，16G 内存，8 个实例），用时近 10 分钟。从这个案例可以看出，GeoScene Image Server 提供了分布式的栅格大数据分析能力，基于分布式的数据存储模型及计算框架，极大地缩短了大规模影像处理时间，为海量影像的信息挖掘提供了有力保障。

4.6　地理空间人工智能

4.6.1　人工智能概述

随着大数据、数字化转型、计算机算力等的蓬勃发展，人工智能作为新一代科技革命的代表之一，迎来了产业新纪元。2017年国务院印发《新一代人工智能发展规划》，将人工智能定义为引领未来的战略技术。同年，人工智能入选"中国媒体十大流行语"。2020年新基建政策以及"十四五"规划和2035年远景目标建议中，再将人工智能作为驱动未来经济发展以及科技前沿布局的技术之一。在前所未有的大力推动之下，加之近年来云计算、大数据、计算机硬件的高速发展，人工智能在几经兴衰之后，又迎来新一轮发展高潮。国家政策中关于人工智能的内容如图4-68所示。

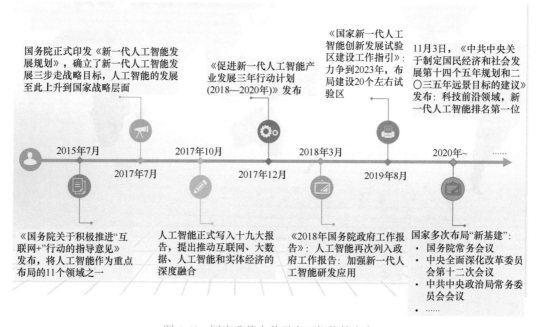

图 4-68　国家政策中关于人工智能的内容

人工智能技术从1950年图灵测试开始，经历了20世纪50～60年代注重逻辑推理的机器翻译时代、70～80年代依托知识积累构建模型的专家系统时代、80年代至21世纪前10年以机器学习为主的数据挖掘时代，以及2010年至今以机器自主学习为主的认知智能时代。

人工智能技术经历几十年的发展逐渐发展完善，形成了从基础层到应用层，再到行业层的完整技术体系（图4-69）。

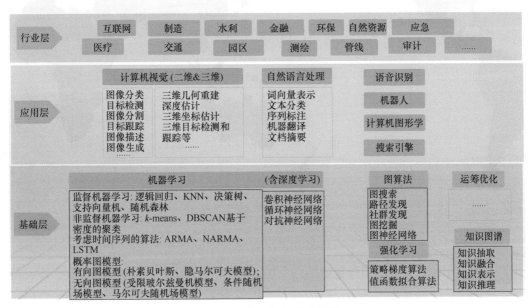

图 4-69　人工智能技术概览

1) 基础层

基础层算法是人工智能技术发展的核心，早期算法主要基于知识表示与推理，但存在效率低下、维护性差、性价比低等难以克服的问题；机器学习算法在形式上模拟人脑学习能力，根据模型训练方式可以划分为监督学习、非监督学习、半监督学习和强化学习等类型；而根据面向任务的不同，可以划分为回归算法、聚类算法、异常检测等。机器学习算法大大提升了人工智能系统的运行效率，降低了编码成本。人工神经网络算法是机器学习算法的重要分支，其初步借鉴了人脑神经元的某些运算机制；深度学习算法是人工神经网络算法的扩展，通过多层神经网络，形成比浅层结构简单学习更强大的、从少数样本集中归纳数据集本质特征的能力。近年来算法升级迭代速度非常快，当前较为前沿流行的深度学习算法包括卷积神经网络、循环神经网络、对抗神经网络等。另外，知识图谱、遗传算法、图算法等也得到了一定的发展与应用。

2) 应用层

应用层主要介绍基础算法与应用方向相结合的应用技术。目前，商业化较为成熟的主要有计算机视觉、自然语言处理、智能语音等。计算机视觉主要针对图像、视频等数据，让计算机感知、理解问题。计算机视觉问题按照维度分为二维问题和三维问题，相对于二维图像，三维图像包含了更为丰富的几何、形状和结构信息，为场景理解提供更多可能。三维计算机视觉任务包括三维几何重建、三维目标检测与跟踪。二维计算机视觉任务一般分为图像分类、目标检测、目标跟踪、图像分割（包括语义分割、实例分割、全景分割等）、图像描述等。自然语言处理主要有文本分类和聚类、信息检索和过滤、信息抽取、机器翻译等方向。智能语音包括语音合成、语音识别、语音评测等。

3) 行业层

行业层为深度学习技术在行业领域中的应用。人工智能已经融入人们日常工作与生活。在许多行业领域，如互联网、制造、交通、医疗、智慧城市与园区、自然资源、应急等，人工智能技术已经应用到具体业务中。例如，在互联网领域，利用人工智能向用户进行商品与信息的智能推荐；在自动驾驶领域，借助摄像头、多样传感器，实现人工智能感知周围环境；在医疗行业，医生借助人工智能实现智能诊断；在商业领域，实现智能机器人服务；在自然资源领域，通过人工智能技术，基于卫星遥感影像，实现自然资源智能化目标检测、地物分类以及智能提取变化地物。

通过以上阐述，我们不难发现，人工智能技术体系较为庞大，不管在基础理论方面，还是在技术应用方面，都衍生出庞杂的分支体系。不同时代、不同社会环境下，人工智能不同分支自有其主流、专注的发展方向。2000 年以来，随着神经网络的成熟，以及大数据和计算机算力的发展，深度学习几乎成为人工智能的代名词。因篇幅与精力所限，本书重点讲述空间地理信息与深度学习算法的结合与应用。

4.6.2 从 AI 到 GeoAI

正如本书开篇所述，GIS 从来不是孤立存在的，其一直与最前沿的 IT 技术融合。人工智能同样给地理空间领域带来巨大机遇和挑战。机器学习一直是 GIS 空间分析的核心组成部分。我们能够在 GIS 软件中使用机器学习执行图像分类、聚合时空数据或分析空间数据模式。深度学习作为机器学习的子集，以神经网络的形式使用多层算法。输入数据通过神经网络的不同层进行分析，每个层定义数据中的特定特性和模式。例如，如果识别建筑物和道路等特征，深度学习模型将使用不同建筑物和道路的图像进行训练，通过神经网络中的层处理图像，进一步找到对建筑物或道路进行分类所需的标识符。越来越多的 GIS 平台厂商开始使用深度学习创新回答 GIS 和遥感应用中的一些挑战性问题。业内专家学者专门为 GIS 与 AI 的结合定义了新的名词——GeoAI。

GeoAI 作为一个相对较新的技术发展方向，通过开发智能计算机程序来模拟人类感知、空间推理、发现地理现象和动力学的过程；增进我们的知识，解决人类 – 环境系统及其相互作用中的问题，重点关注地理或地理信息科学的空间背景和根源[3]。

GeoAI 目前在计算机视觉、自然语言处理等方面均有广泛研究与应用。特别是在计算机视觉方面，我们可以结合卫星遥感影像、激光雷达点云、视频等多源多维度地理空间数据，进行图像分类、目标检测、对象分类、变化检测、三维模型重建、目标检测与跟踪等多样任务，这在自然资源、应急、智慧城市、环保、石油等诸多领域均有广泛的应用空间；在自然语言处理方面，则可以在非结构化文本数据中，智能提取与地理位置有关的关键词，这在公安、交通等领域得到了良好应用。GeoAI 为地理空间领域注入了智能化元素，一经出现立即得到广泛关注。本节将聚焦 GIS 与计算机视觉技术相结合的应用方向。

1. GeoAI 在地理空间领域的应用场景

1) 图像分类

图像分类（image classification）是指计算机为图像分配一个标签或类（图 4-70），如基于普通相片或图片的"猫狗分类"。在 GIS 中图像分类主要用于对带有地理特征的图片进行分类，如"密集人群"分类、"受损房屋"分类，等等。

(a) 猫狗分类　　　　(b) 密集人群　　　　(c) 受损房屋

图 4-70　图像分类

2) 对象检测

对象检测（object detection）也称"目标检测"，指计算机需要在图像中查找目标特征及位置。例如，图 4-71(a)，在照片中检测到猫狗，并画框定位。在 GIS 中对象检测可广泛用于定位卫星、航空或无人机影像中的某些特定特征，并在地图上绘制边界框定位这些特征的位置。例如，图 4-71(b) 遥感图像中，深度学习检测到一架飞机。

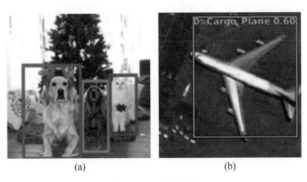

(a)　　　　　(b)

图 4-71　对象检测

3) 语义分割

语义分割（semantic segmentation）是指图像中的每个像素都被归为一个特定类

别。例如，图 4-72(a) 图像中，不同区域被分别归类为猫、绿地和天空。在 GIS 中，语义分割通常被称为像素分类、图像分割或图像分类，常用于土地使用分类或道路提取等。例如，在图 4-72(b) 中，通过将道路像素与非道路像素做不同归类，提取道路数据。

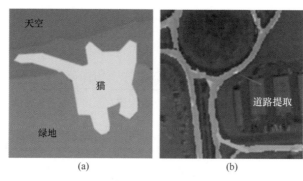

图 4-72　语义分割

4) 实例分割

实例分割（instance segmentation）可视为一种更精确的对象检测方法，它绘制每个对象实例的边界。这种类型的深度学习应用也被称为对象分割。在 GIS 中实例分割常用来提取同一类别的不同对象，如图 4-73(b) 中提取每一个建筑物的顶面。

图 4-73　实例分割

5) 视频检测

视频检测是指在视频中识别物体并以矩形框的方式标示（图 4-74）。视频目标检测要解决的问题是对视频中每一帧目标如何正确识别和定位。在 GIS 中视频检测可用于识别视频中的移动目标，如车、人、船，再将其结合目标地理位置实现后续分析。

6) 点云分割

点云分割是对点云数据中集中的点进行分类和提取，可用于基于点云数据分类提取建筑物、地面、电力线、电线杆等（图 4-75）。

图 4-74　视频检测

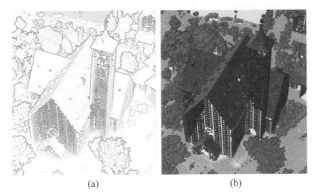

(a)　　　　　　　　　　(b)

图 4-75　点云分割

7) 变化检测

变化检测是深度学习计算机视觉领域的一个方向。顾名思义变化检测方向所做的事情，即提取出两幅不同时向数据变化的地方（图 4-76）。一般来说，变化检测根据场景以及我们的关注点，可以分为单类别变化以及多类别变化。单类别的常见场景如建筑物增减变化，多类别的常见场景如国情普查数据变化。由于场景以及技术底层算法不尽相同，不得不将变化检测分为单类别与多类别两类。

图 4-76　变化检测

8) 图像翻译

图像翻译可以将一种类别的影像"翻译"成另一种类别的影像（图 4-77）。在 GIS 中图像翻译可用于将 RGB 影像转换成地图、DEM 数据转换成 RGB 数据以及将 NIR 转换成 RGB 数据等场景。

图 4-77　图像翻译

2. GeoScene 提供端到端的 GeoAI 工作流程

GeoScene 提供端到端的 GeoAI 工作流程，覆盖深度学习常规的三大工作流程：数据准备、模型训练以及训练后的推理与后处理。

GeoScene Pro、Image Server、Notebook Server 以及客户端 Python API 中提供深度学习能力，包含样本标注、样本导出以及推理分析等一系列工具，并内置了大量丰富的模型，使得在 GeoScene 环境中即可完成深度学习完整的工作过程，实现全流程支持（图 4-78），无须切换到其他环境中。

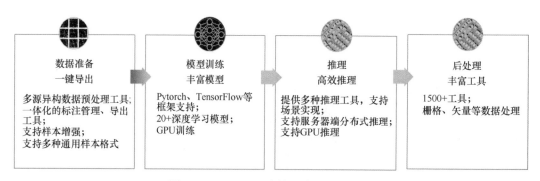

图 4-78　GeoScene 支持深度学习全流程

（1）GeoScene 提供可视化交互环境，进行数据准备，用户可方便地进行样本标记，并一键导出不同格式的样本数据，从而适用于不同的模型。

（2）由模型训练工具进行模型训练，内置 20 余种深度学习模型（内置模型见表 4-2）。用户可以在 GeoScene 中完成训练过程，训练支持多核 CPU、GPU 等方式，可大幅提升训练性能。同时 GeoScene 继续保持开放性，支持 TensorFlow、PyTorch、Keras、CNTK 等各类开源框架。

表 4-2　GeoScene 内置深度学习模型

分类	模型名称	样本元数据格式	训练支持框架	模型推理工具
对象分类	FeatureClassifier	标注的切片，多标注切片	PyTorch、TensorFlow	使用深度学习分类对象
目标检测	FasterRCNN	PASCAL 可视化对象类	PyTorch	使用深度学习检测对象
	RetinaNet			
	YOLOv3			
	MaskRCNN（实例分割）	RCNN 掩膜		
	SingleShotDetector	PASCAL 可视化对象类	PyTorch、TensorFlow	
像素分类	UnetClassifier	分类切片	PyTorch、TensorFlow	使用深度学习分类像素
	PSPNetClassifier			
	DeepLabV3			
边缘检测	BDCNEdgeDetector		PyTorch	
	HEDEdgeDetector			
道路提取	MultiTaskRoadExtractor			
变化检测	ChangeDetector			
图像翻译	CycleGAN	导出切片		
	Pix2Pix			
	ImageCaptioner	—		
超分辨率	SuperResolution	导出切片		
点云	PointCNN			
表格类结构化数据	FullyConnectedNetwork	—		Python API
	MLModel			
	TimeSeriesModel			

（3）由多个专用的推理工具基于第（2）步训练的模型进行结果推理，实现对象检测、图像分类、像素分类和实例分割。

（4）针对深度学习推理结果的后处理工作，GeoScene 提供了千余种工具，可对栅格、矢量等不同类型的结果数据按需处理。

4.6.3　数据准备

深度学习应用于地理空间离不开训练集的支持，而训练集又来源于遥感影像数据。

1. 稳定的影像数据源和高质量预处理影像是一切研究的前提

1）遥感影像数据源

目前全球有相当部分高质量开源免费且可以稳定获取的卫星影像资源，如

Landsat-8、Sentinel-2、MODIS、HJ-1、GF-1，等等。但是单独拿出来，它们的时间分辨率和空间分辨率都略显不足。解决办法为多源遥感数据的组合，首先需将不同来源遥感影像的地理坐标系进行统一；然后使用一些深度学习算法（超分辨率等）和经典图像算法对遥感数据的空间分辨率做提升，利用重访周期的不同和雷达影像的强穿透性来提高遥感数据的时间分辨率；最终获取稳定的、优质的数据源。

2) 影像预处理

卫星影像数据下载之后受不同传感器的性能、大气层等的影响不能直接使用，需要做几何校正、辐射校正处理。如果包含全色通道，基于全色通道的图像融合处理可以提高图像空间分辨率。有些区域受卫星轨迹的影响还需要对影像做拼接、裁剪等操作。拼接时由于影像之间的色彩差异，需要直方图匹配。此外，有些影像已经事先进行了某些预处理，如 Sentinel-2，我们可以直接在官网下载到大气校正过的地表反射率产品。

2. 可靠的训练数据集是训练出高质量模型的基础

1) 训练数据集

训练数据集是指由大量的一对一对的 128×128、256×256 或者 512×512 等尺寸的图像组成的图像数据集，其中，"一对"中的之一是原始 rgb 图像或更多通道的图像，另一个是对应的由我们自己手动标注的标签图像。而这些一对一对的样本图像是我们在原始大图上标注完之后经过裁剪产生的。

2) 训练集增强

标注工作大多时候是很困难的，尤其是在做遥感影像的语义分割时。因为要通过卷积计算提取图像中对象的纹理等信息，这就需要手动画出对象的轮廓。通常地物轮廓较为复杂，此外，样本数据的数据量也得足够大，这样才能保证模型的准确性，所以这要花费我们很多的时间和精力。此时我们需要对数据进行样本增强。通俗来说，样本增强就是在现有少量的样本基础上，使用一些办法生成大量的样本数据，如对少量的样本进行随机的旋转、反转、缩放、增加亮度对比度、增加随机噪声等来增加样本的数量。事实证明，这样可以在节省大量时间、精力的前提下，让模型的准确率增加，表现变得更加出色。

3. GeoScene 中的样本制作工具

GeoScene 提供了一系列图像预处理以及样本制作和导出的操作工具。其中，影像的预处理可以参考 4.5.2 节。

样本制作和导出工具在同一个模块下，便于高效制作样本集。

样本制作工具中包含了丰富的标注样式（图 4-79），可以根据具体场景选择矩阵、

图 4-79　样本制作工具

圆、多边形和任意手绘等，还可以保存类别样式，方便下次使用。

样本导出工具（图 4-80）中，样本可以自选切片的大小，切片格式主要包括 JPEG、PNG、TIFF 和 MRF 等，以及一些通用的样本数据格式，主要包括 KITTI、PASCAL VOC、分类切片（类地图）、RCNN 掩膜、标注切片数据格式。此外，导出数据时可以选择样本增强操作。

图 4-80　样本导出工具

4.6.4　算法选择与模型训练

卷积神经网络在发展过程中根据任务、场景等的不同逐渐派生了常用于遥感影像的图像分类、目标检测、语义分割和实例分割等一系列的深度学习图像算法。

常用深度学习图像算法有以下几种：

（1）图像分类：VGG，这个模型在多个迁移学习任务中的表现要优于 GoogleNet；ResNet，能够解决梯度消失和梯度爆炸问题；DenseNet，能够通过特征在 Channel 上的连接来实现特征重用。

（2）目标检测：SSD 对不同的特征图谱，预测不同宽高比的图像，增加了预测更多的比例的预测框；FasterRCNN 提出了 RPN 候选框生成算法，使得目标检测速度大大提高；YOLOv3 和 RetinaNet 等也是目标检测的很好选择。

（3）语义分割：当前比较常用的架构是 U-Net，其搭建编码器 – 解码器对称结构，实现端到端的像素级别图像分割；DeepLabV3 使用了 Multi-Grid 策略，并将批量标准化（batch normalization）加入 ASPP 模块，提高了网络的准确性；PSPNet 采用金字塔池化模块搭建的场景分析网络，获得了当年 ImageNet 场景解析挑战赛的第一名。

（4）实例分割：首选 MaskRCNN 框架。

而这些算法为了便于开发和研究，都被集成到了一些开源框架中。例如，著名的深度学习框架 PyTorch，最初是由 Facebook 根据流行的 Torch 框架开发的；TensorFlow 由 Google Brain 团队于 2015 年首次开发，目前已被 Google 用于学术研究和生产目的；Keras 的前身是 François Chollet 为 ONEIROS 项目所编写的代码，在 2015 年分离成为开源的人工神经网络工具。

GeoScene 提供这些开源框架的安装和使用，也集成了成熟的训练代码模块（图 4-81），用户通过修改一些超参数就可达到训练出优秀模型的目的。

GeoScene 提供的常用的超参数选项：①处理器可以选择 CPU 或者 GPU。相比 CPU 而言，GPU 可以大幅度提升训练速度。②批处理并行数量要看机器的性能，太大可能导致卡顿，反而导致训练速度减慢；太小浪费计算资源。③学习率设置过小时，收敛过程将变得十分缓慢；而当学习率设置过大时，梯度可能会在最小值附近来回震荡，甚至可能无法收敛。④训练轮数太多可能导致过拟合，而轮数太少可能导致模型不饱和。⑤模型的类型可选常用的图像分类、目标检测、语义分割和实例分割模型，里边已经集成了上文提到的所有优秀的网络。⑥主干网络包含了当前大量的大神之作，如 VGG、DenseNet、ResNet 等，针对不同场景可供选择。⑦该工具还可用于对现有经过训练的模型进行微调。

当然，对于一些更高级的用户来说，也可以通过调用开源的 API 书写自己的代码模块来实现模型的训练。通常代码不需要复杂的过程，也不用太长，因为 API 已经将复杂的网络训练、推理、计算损失等功能封装好了，直接调用即可。

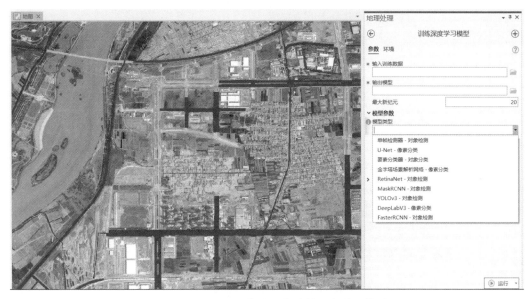

图 4-81　GeoScene 集成了主流的深度学习模型

4.6.5　推理与分析

推理也称预测，是用已知标签的样本训练模型去推断未知区域标签的过程。其实就是神经网络训练时网络的正向传播，区别在于，推理时网络的权重都已固定，而训练需要进行反向传播来更新网络权重。

为了便于理解，以 U-Net 网络的推理过程来详细说明卷积神经网络的推理，如图 4-82 所示。

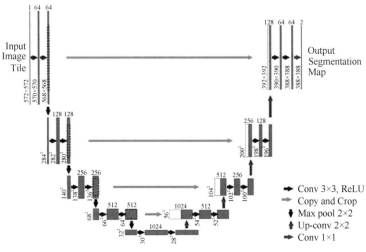

图 4-82　U-Net 网络的推理过程[4]

（1）U-Net 网络简介：前半部分也就是图 4-82 中左边部分，俗称编码器（encoder），作用是特征提取，后半部分叫解码器（decoder），也就是图 4-82 中的右边部分，作用是反卷积、特征叠加和像素分类。

（2）推理之编码器：输入图像，对每层做卷积、标准化、激活操作，共 5 层。层之间做最大池化。

（3）推理之解码器：编码器输出的结果进行反卷积、叠加特征提取层、再次卷积、标准化和激活 4 次操作之后可以通过 Softmax 等判断函数对每个像素点进行分类。

看似简单的 U-Net 网络，其实推理并不是只考虑这个过程，如卫星图像大小为 10000×10000，多是无法直接输入网络进行推理的，除了计算机处理难度大外，也没有这个必要。因此，需要对输入的遥感大图像进行滑窗处理，设置滑动步长，一块一块地扫描推理。此外，考虑边界问题，还需要设置一定的重叠度来保证边界过渡时的平滑。最后，创建和原始影像同样大小的单通道图像，将滑窗推理的结果经过重叠区得分机制或其他算法计算之后一一写入。目标检测的推理更为复杂，如滑窗、多尺度预测框、边框回归、非极大值抑制等一系列推理过程均较复杂。

不过，GeoScene 已经集成了所有算法的推理流程，包括所有的图像分类、目标检测、语义分割和实例分割算法模型。只要输入待分类或检测的影像和训练好的模型之后就可以直接推理并输出结果。结果可以根据需求生成栅格或矢量格式文件。

此外，该推理工具还具备如下特色：①处理器有 CPU 和 GPU 两种类型可供选择，如果有多个 GPU，还可以选择 GPU 的编号去推理。②该工具支持第三方开源深度学习框架 TensorFlow、PyTorch 或 Keras。可以通过调用第三方深度学习 Python API，并使用指定的 Python 栅格函数来处理每个对象。③支持用户自己定义 Python 模块处理图像。④ GeoScene 模型定义参数值可以是 GeoScene 模型定义 JSON 文件（.emd）、JSON 字符串或深度学习模型包（.dlpk）。当在服务器上使用该工具时，JSON 字符串十分有用，可以直接粘贴 JSON 字符串，而无须上传 .emd 文件。

4.6.6 结果后处理

深度学习得到的结果，往往需要后处理操作。结果若为矢量图层，用户需要按需编辑；结果若为栅格图层，则需要进行矢量化处理，便于将结果纳入业务流程中进行统计和分析。后处理的工作过程与数据生产、制图工作有一定的相似度。而数据处理一般涉及许多重复的劳动密集型任务，因此，一方面要求软件具备丰富多样满足各种处理场景需求的功能；另一方面要求软件能够提供自动化的处理框架。

1. GeoScene 后处理功能

GeoScene 提供了丰富的后处理工具，按照处理的数据类型及用途场景，可将工具划分为以下几类：矢量结果后处理、栅格结果后处理、空间分析等。

1) 矢量结果后处理

GeoScene 提供矢量编辑与处理菜单及工具、制图综合工具、图形冲突工具。
图 4-83 为常见的数据概化与冲突解决的处理流程。

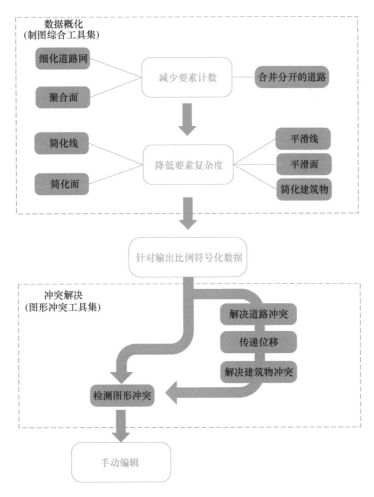

图 4-83　常见的数据概化与冲突解决的处理流程

下面介绍几个后处理过程中使用频率较高的工具。

(1) 线 / 面数据 – 平滑 (smooth)。如果觉得数据不够平滑，或者锯齿明显，可以使
用平滑工具进行改善（图 4-84），该工具可能会使原始数据发生明显变形，因此需按需使用。

(2) 消除 (eliminate)。若生成数据是面要素，通过 GeoAI 工具得到的结果中可能
存在碎斑，某些情况下这些零星的碎斑并非所需结果，而需要进行多个图斑的整合。
通过消除工具可以快速完成此项任务。消除操作前后对比如图 4-85 所示。

(3) 融合 (dissolve)。融合工具可以对面状数据调整，基于指定属性融合要素
（图 4-86）。

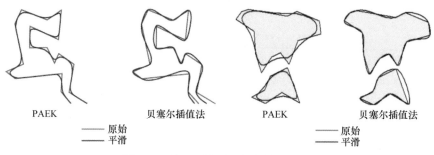

图 4-84　线、面的平滑操作前后对比

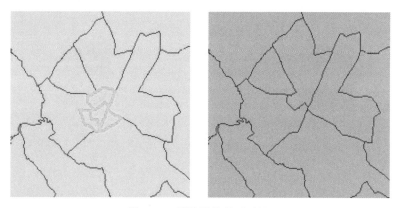

图 4-85　消除操作前后对比

（4）规则化建筑轮廓（regularize building footprint）。对于建筑物对象，直接使用深度学习工具或者其他分类工具得到的结果，边界往往有明显的锯齿，规则化建筑轮廓工具可以使边界变得更规整（图 4-87）。

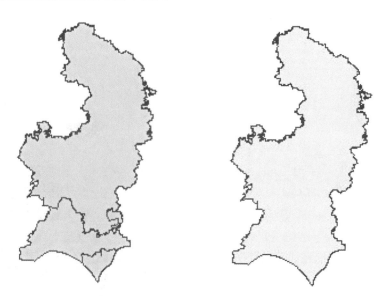

图 4-86　融合操作前后对比

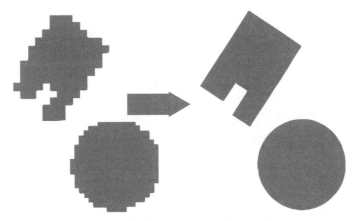

图 4-87　规则化建筑轮廓操作前后对比

2) 栅格结果后处理

栅格数据经过处理并且转化成矢量数据之后才能进行空间分析。GeoScene 提供了栅格综合分析工具集和数据转换工具集。栅格综合工具集包含基于栅格数据的区域概化（包括蚕食、细化等）、区域边界平滑处理（如边界清理、众数滤波等）、区域合并、更改数据分辨率（聚合）等一系列工具。数据转换工具集包含栅格转点、栅格转线、栅格转面等工具。

下面介绍几个后处理过程中使用频率较高的工具。

（1）众数滤波（majority filter）。该工具根据相邻像元数据值的众数替换栅格中的像元（图 4-88），目的是用来去掉深度学习分类结果中的一些误分类或者细碎的零碎像素块。众数滤波工具需要满足两个条件才能发生替换：第一个条件是具有近似值的相邻像元数必须足够多（达到所有像元的半数及以上），并且这些像元在滤波器内核周围必须是连续的；第二个条件与像元的空间连通性有关，目的是将像元空间模式的破坏程度降到最低。

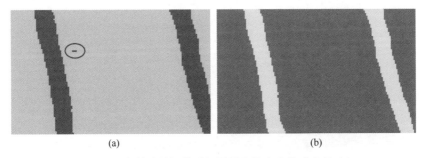

图 4-88　众数滤波操作（a）圆圈中的多余像素去掉（b）

（2）细化（thin）。通过减少表示要素宽度的像元数来对栅格化的线状要素进行细化（图 4-89）。该工具常用于提取线状地物，确保提取的栅格道路的连续像元为单个像元。因为多个像元情况下，转矢量线时可能无法生成线，而会生成面或其他形状。

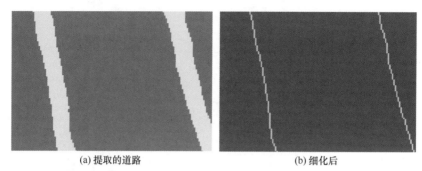

(a) 提取的道路　　　　　　　　　　　　　　(b) 细化后

图 4-89　细化将道路简化为一个像素宽度的直线

（3）栅格转线 / 转面（raster to polyline / polygon）。将栅格数据转成线或面，GeoScene 提供了栅格转线或栅格转面的工具。

3) 空间分析

空间分析是深度学习结果为用户产生价值的最后一步，通过 GeoScene 提供的丰富工具，有时候甚至要结合专业的行业模型进行分析。例如在国土行业，可以结合基本农田生态红线数据、环保领域的自然保护区生态红线等业务数据，将其与深度学习的结果进行叠加、相交等进行相关分析。

GeoScene 空间分析工具箱为栅格和矢量数据提供了一组类型丰富的空间分析和建模工具（图 4-90），按照已有功能分为了若干类别和组，可通过工具、Python 或模型等方式进行使用。

密度分析	核密度分析、线密度分析、点密度分析
距离分析	廊道分析、距离累积、距离分配、最佳路径为线、最佳路径为栅格、最佳区域链接
距离（旧版本）	成本分配、成本回溯链接、成本连通性、成本距离、成本路径、成本路径折线、欧氏分配、欧氏回溯方向、欧氏方向、欧氏距离、路径距离、路径距离分配、路径距离回溯链接
提取分析	按属性提取、按圆提取、按掩膜提取、按点提取、按多边形提取、按矩形提取、多值提取至点、值提取到点、采样
栅格综合	聚合、边界清理、扩展、众数滤波、蚕食、区域分组、收缩、细化
地下水分析	达西流、达西速度、粒子追踪、孔隙扩散
水文分析	盆域、填洼、流量、流向、流动距离、水流长度、汇、捕捉倾泻点、河流链、河网分级、栅格河网矢量化、集水区
插值分析	反距离权重法、克里金法、自然邻域法、样条函数法、含障碍的样条函数、地形转栅格、依据文件实现地形转栅格、趋势面法
局部分析	像元统计、合并、等于频数、大于频数、最高位置、小于频数、最低位置、频数取值、等级

多元分析	波段集统计、类别概率、创建特征文件、树状图、编辑特征文件、Iso 聚类、Iso 聚类非监督分类、最大似然法分类、主成分分析
邻域分析	块统计、滤波器、焦点流、焦点统计、线统计、点统计
叠加分析	模糊隶属度、模糊叠加、查找区域、加权叠加、加权总和
栅格创建	创建常量栅格、创建正态栅格、创建随机栅格
重分类	查找表、使用 ASCII 文件重分类、使用表重分类、重分类、按函数量设等级、分割
影像分割和分类	分类栅格、计算混淆矩阵、计算分割影像属性、创建精度评估点、导出训练数据进行深度学习、从种子点生成训练样本、检查训练样本、移除栅格影像分割块伪影、Mean Shift 影像分割、训练 ISO 聚类分类器、训练最大似然法、训练随机树分类器、训练支持向量机分类器、更新精度评估点
太阳辐射	太阳辐射区域、太阳辐射点、太阳辐射图
表面分析	坡向、等值线、等值线列表、含障碍的等值线、曲率、填挖方、山体阴影、视点分析、坡度、视域、视域 2、可见性
区域分析	区域制表、区域填充、分区几何统计、以表格显示分区几何统计、区域直方图、分区统计、以表格显示分区统计

图 4-90　GeoScene 空间分析工具集和工具

不仅局限于空间分析工具箱，其他工具箱中的工具也异常丰富，如常用的分析工具有相交、分区统计、范围内汇总、缓冲分析、叠加、基于密度的聚类等，在 4.7 节"空间分析与数据科学"有更为详细的介绍，在此不再赘述。

2. 建模与自动化

上文所述的后处理、空间分析或其他业务流操作，可通过 GeoScene 模型构建器（model builder）以建模方式实现。模型构建器可以将多个工具串联在一起，完成一个完整的数据处理与分析流程，以大大减少人工交互，提高自动化水平与工作效率。由于模型具有可复用性，可以在组织内以模型工具或 GP 服务方式进行分发，便于成果与知识的共享与应用，提高组织整体工作效率。

图 4-91 展示的是基于深度学习提取建筑物的后处理流程，使用众数滤波、栅格转面、选择、规则化建筑物覆盖区等工具。

深度学习结果后处理

图 4-91　基于深度学习提取建筑物的后处理流程

4.6.7　GeoAI 应用场景

1. 像素分类

1）自然资源中的典型地物提取

基于 AI 技术打造的常态化立体式综合监管体系能够更好地支撑自然资源部主体业务。GeoScene 的深度学习与遥感影像相结合，在自然资源典型地物类别提取和分类、耕地保护、国土资源执法监察、地理国情监测、第三次全国土地调查等场景中得到广泛应用。

使用 GeoScene 平台深度学习能力在省情普查项目中提取某个区域的全部水体（图 4-92），精度基本满足数据更新需求，召回率高，后续人工干预工作量少。

图 4-92　水体提取

图 4-93 是利用 GeoScene 深度学习在高清影像上提取建筑物信息，得到某个范围内的建筑物覆盖数据。后续其还可以与不同年份的历史建筑物数据进行进一步对比，快速定位变化区域，用于区域违建治理工作，完成初步筛查新增违建建筑。这种变化检测需要分别将前后期两幅影像中所有的建筑物都提取出来，进行后处理之后，才可以判别出变化区域。

图 4-93　建筑物提取

2) 油气长输管线高后果区管理

高后果区是指在管道发生泄漏后可能对公众和环境造成较大不良影响的区域，随着油气长输管道周边人口和环境的变化，高后果区的位置和范围也会变化。通过 GeoScene 深度学习提取油气运输管道周边一定范围内的房屋，并根据人口、房屋类型等信息评估周边居民的密度，定位高后果区的等级（图 4-94 和图 4-95）。

(a) (b)

图 4-94　高后果区信息提取的栅格 (a) 和矢量 (b) 结果

3) 道路提取

GeoScene 专门为道路提取集成了一个模型：Multi Task Road Extractor，以解决传统深度学习语义分割模型（U-Net）在道路提取上产生的不连通性问题（图 4-96）。此模型更好地解决了道路连通性的问题，减少了深度学习在道路提取上的断裂。

图 4-95　油气长输管线高后果区管理

(a) U-Net　　　　　　　　　　(b) Multi Task Road Extractor

图 4-96　道路提取

2. 目标检测

1) 城市普查中的井盖提取

用户使用 GeoScene 深度学习提取城市井盖数量和空间位置分布（图 4-97），用于建设城市管理部件数据库。

图 4-97　城市井盖识别

2) 智慧农业中的植株提取

智慧农业是建立在数字农业和精准农业基础上的全新的农业生产方式与生态系统，

可以指导农民及时浇水、施肥，为农民发送田块预警天气、温度异常短信提醒。农民还可以通过其随时查看每一块田的生长情况，评估作物产品，监测植物健康状况等。图 4-98 是利用 GeoScene 对火龙果苗、柑橘苗等经济作物进行识别，之后可根据数量估产，以及进行病虫害监控等。

图 4-98　植株识别

3) 智慧商业中的车辆提取

停车场车辆多少通常被很多商家视为竞争分析的重要指标之一。通过深度学习能够快速检测出影像中的车辆，返回每辆车的类型和坐标位置。GeoScene 中识别汽车（图 4-99）有多种方式，可以采用目标识别的方式，也可以采用实例分割的方式，提取车辆的方向、走向、空间位置、轮廓等精确信息。

图 4-99　车辆识别

3. 实例分割与对象分类

1) 山火损失评估

最近几年山火频发，在传统方法中，如此大面积的火灾损失评估依赖于大量人力。使用 GeoScene 内置的 MaskRCNN 示例分割算法和 FC 对象分类两种深度学习算法，可以快速提取过火面积内的房屋总数，并对房屋是否损坏进行快速定位（图 4-100）。整个流程清晰高效，只需少量人工干预，就可以达到快速评估损失目标。

2) 查违拆违应用

目前，国家各省（自治区、直辖市）政府相继出台了查违拆违的相关政策，各地

图 4-100　山火损失评估

区的查违办每年都有清拆指标。到底有多少违法建筑？清拆进展如何？可以结合上述技术路线来升级业务流程，先使用 MaskRCNN 提取感兴趣区域内房屋的数量，结合已有资料 + 人工对疑似违章建筑进行筛查和标记，再派外业人员核查，年底根据最新遥感影像数据和 AI 模型，快速定位违章建筑是否拆除。

4. 变化检测

变化检测在遥感影像解译中具有重要的意义，高分辨率遥感影像极大地提高了土地利用 / 覆盖变化（LU/LC）监测的能力。但在实际应用中，针对高分辨率遥感影像的变化检测，传统方法过于耗时且需要烦琐的人工干预。近年来深度学习在遥感变化检测领域得到应用，已经出现很多专门用于遥感影像房屋变化检测的模型。GeoScene 中便集成了近年来较好的一个模型——Change Detector。

此模型本质上为二分类的像素分类（变化、未变化），输入为两期影像合并波段后的结果，输出为发生变化的区域。相较于之前两期影像分别提取并处理后得到变化的区域，此模型明显更节省时间。在建筑物增减的变化检测上表现尤为明显（图 4-101）。

(a) 前期影像

(b) 后期影像

(c) 变化区域

图 4-101　房屋变化检测

5. 点云

点云作为一种新型测绘数据，在诸多行业广泛应用。与 GIS 相关的，如在自动驾驶领域，点云用于车道检测、车辆偏航预警、行人探测、障碍物探测等；在测绘领域，目前主要用来制图，生成 DOM、DEM、DLG、等高线图等；在农林领域，用于检测和评估作物及树木的生长状况、大小、高度等；在城市规划领域，大规模的激光雷达点云数据用于快速生成三维模型及城市表面。

GeoScene 对 LiDAR 也有很好的支持。具体来说，GeoScene 支持可视化、编辑、处理和深度学习。GeoScene 可以通过 Las 数据集、镶嵌数据集和点云场景图层等方式加载 LiDAR 数据，进行浏览和可视化。它支持 ASCII、LAS、ZLAS 格式的 LiDAR 数据，并支持 1.1 ～ 1.4 所有版本。还支持 LiDAR 数据的编辑和处理，如分类、处理噪声、按高度分离点等操作。还可以使用深度学习进行点云的分类和提取。GeoScene Python API 中内置了专用于点云分割的 Pointcnn 深度学习算法。

目前 GIS 中，三维数据已经不可或缺。点云具有非常丰富的三维信息，并且精度非常高，所以很多用户开始尝试从点云生成三维建筑。传统流程中，这个过程需要传统建模软件的辅助才能构建细致的三维模型，步骤复杂。而在 AI 加持下直接应用深度学习对点云进行分类，并结合 GeoScene 的空间分析工具就可以快速完成基于点云的三维建筑物建模（图 4-102）。

图 4-102 点云提取建筑物屋顶

GeoScene 深度学习在点云领域的应用还有很多。例如在电力线巡检中，利用深度学习提取电力线和周边的植被，并利用点云的高度信息快速判断植被入侵电力线的情况；在制图中，利用大规模点云提取城市级别的 DSM 数据；在交通领域，利用点云提取铁轨、船只等。

随着新型基础测绘的发展，点云数据占比会越来越大，AI 技术也会不断进步，相信这一领域会得到快速发展。

6. 视频检测

现在 GIS 中视频类型的数据源越来越多，如无人机视频、卫星视频、新型的移动测量系统，甚至普通的监控摄像头等都可以接入 GIS。因此，视频检测的需求也逐渐增多。GeoScene 中的 SSD、RetinaNet、YOLOv3 这三个算法可以进行视频检测。

4.7　空间分析与数据科学

4.7.1　数据科学发展综述

数据科学被视为现今最流行和热门的研究领域之一。但是有研究证明，这一概念早在 20 世纪 60 年代就已经出现了。1968 年，著名计算机算法专家、图灵奖得主彼得·诺尔（Peter Naur）博士在国际信息处理联合会（IFIP）年会上，以 "Datalogy, the science of data and of data processes and its place in education（数据科学，数据中的科学与数据处理中的科学及其在教育中的地位）" 为题，首次提出了数据科学的概念，当时这个术语是作为计算机科学的代替术语提出的。自此，以数据分析为主要手段的数据科学逐步进入了学术界和产业界的科学研究、决策支持等流程中。

到 20 世纪 90 年代初，关系型数据库技术不断成熟，业务流程越来越自动化，随之而来的是数据挖掘的诞生和迅速发展。此后，人们更是将机器学习的各种方法应用到具体的业务问题中。同时，在商业活动中，大量利用交易和行为数据为各种现象、趋势提供解释和预测的软件和工具也快速增加。因此，以数据为基础的决策支持，提出了越来越多的需求。数据也彰显了越来越大的价值。

随着数据分析需求的快速增长，以及业务的复杂化，数据科学逐步进入了研究者的视野。早期，有学者认为数据科学作为新的工具和理论，使统计性领域的主要技术工作发生了实质性的改变，通过对数据进行分析，来探索学科领域中潜藏在问题背后的规律。还有学者认为，一切与数据有关的东西，包括数据收集、分析、建模等，都与数据科学有关——然而最重要的部分是应用。

后来，随着大数据的兴起，有关数据科学的研究目的与过程的内核也被不断赋予了更加丰富的含义，包括了如下观点 [5、6]：①数据科学是通过混合不同领域的不同元素、技术和理论，概括并从数据中提取出知识和意义，并创建数据产品；②数据科学就是指从数据中提取以前无法获得的、潜在有用的信息的理论、方法和应用；③数据科学是从数据中发现知识的过程，这个过程需要多个分析模型的快速探索性发展，并提出数据科学这一新兴领域满足了人们对非结构化数据的需求。

4.7.2　空间数据科学的发展

如果说数据科学是一种能够通过 "将原始数据转化为理解、洞察力和知识的学科"，那么，空间数据科学就是在空间领域能够做到这一点的学科。空间数据科学是基于地理学原理，在特定的空间和区域化理论的基础上，将原始的空间数据中所蕴含的特征，转换为对位置关系的理解、空间知识的洞察力等，并发现与地理空间有关的知识。

近些年来，因为互联网地图的普及，地理信息系统这一本来较为冷门的学科随之得到普及与发展，使空间数据和空间分析变得不那么遥远和高高在上。无论是以地铁线路图为例的逻辑示意图，还是以热力图为例的密度分布图，空间数据和空间分析实际上已经成为日常工作和学习中经常可以遇见的东西。

通常而言，空间数据科学可以被视作一般的数据科学的一个子集。普通数据科学的研究中也经常用到空间位置信息，但是它们只是将空间位置信息，如数据点的经纬度坐标作为普通的附加属性来看待，并没有调整分析的思路、方法和软件工具。要回答"空间数据科学与数据科学相比有何区别"的问题，也就是说，空间数据科学是否有专门的特征和研究意义，需要从下面几个角度来进行描述。

1. 空间数据的特征

虽然空间数据与普通数据所用的表达方式都是一样的，但是其却有自身的特征，一般来说，有如下三个：

1) 空间特征

现实世界错综复杂，GIS 的目的之一就是对世界建模，而数据中的空间特征则是地理信息系统或者说空间信息系统所独有的。空间特征除了描述空间地物的位置、形状和大小等可以用数值表达的位置与几何特征以外，还需要描绘数据与相邻地物的空间关系。空间位置可以通过坐标来描述。GIS 中地物的形状和大小一般也是通过空间坐标来体现的。GIS 的坐标系统有相当严格的定义，如经纬度地理坐标系、投影坐标系或任意的直角坐标系等。这就与传统的数据描述方式不一样，传统的数据可以由独立的数值来进行表达，而空间数据要求完整的数据结构，通常数据之间具有多种关联特性，甚至是具有相互作用、相互制约的依赖关系的复杂数据模型。例如一个位置的坐标信息，必须由经度和纬度两个相关的数值来统一进行表达，只有经度或者纬度的单一独立数值，则无任何意义。

地理信息系统中直接存储的是空间目标的空间坐标。对于空间关系，有些 GIS 软件存储部分空间关系，如相邻、连接等关系。而大部分空间关系则是通过对空间坐标进行运算，如包含关系、穿过关系等得到的。实际上，空间目标的空间位置就隐含了各种空间关系。

2) 专题特征

专题特征也指空间现象或空间目标的属性特征，它是指时间和空间特征以外的空间现象的其他特征，如地形的坡度、坡向、某地的年降水量、土地酸碱度、土地覆盖类型、人口密度、交通流量、空气污染程度等。这些属性数据可能为一个地理信息系统派专人采集，也可能从其他信息系统中收集，因为这类特征在其他信息系统中也可以被存储和处理。

3) 时间特征

严格来说，空间数据总是在某一特定时间或时间段内采集得到或计算得到的。由于有些空间数据随时间变化相对较慢，因而有时被忽略。而在许多其他情况下，GIS 用户又把时间处理成专题属性，或者说，在设计属性时，考虑多个时态的信息，这对大多数 GIS 软件来说是可以做到的。但如何有效地利用多时态数据在 GIS 中进行时空分析和动态模拟目前仍处于研究阶段。

2. 空间分析

空间分析是 GIS 系统的核心能力，有无空间分析功能是 GIS 与其他系统相区别的标志。空间分析是从空间物体的空间位置、联系等方面去研究空间事物，以对空间事物做出定量的描述。而 GIS 的一个主要优势就在于它能够对空间数据进行空间运算以派生出新的数据信息。在 GIS 中，这些用于空间数据运算的工具，就被称为空间分析工具，它们构成了所有空间建模和地理处理的基础。

GeoScene 提供了系统、全面且专业的空间分析工具集合，这些工具集合包括了栅格分析工具、矢量分析工具、网络分析工具、空间统计工具等多个不同的模块，为广大的 GIS 工作者提供了全面而广泛的基于空间数据的计算、分析工具和能力。

一般来说，空间分析主要包含如下功能：

（1）从已有数据中，通过分析和计算，派生新的信息。例如，通过各气象站点收集到的降水信息，生成覆盖整个区域的降水趋势分析图；通过人口统计数据，计算某个区域内的人口密度等。

（2）可以识别空间数据中所表达的空间关系和空间分布模式。用户可以利用叠加或者相交，来分析图层之间的关系，如洪水风险区的发展与城区是否有重合，以此来进行更合理的规划设计；也可以通过空间统计工具，来识别空间数据所表达的空间分布模式，如某些珍稀树种，它们的分布是否遵循某种空间分布的模式，是聚集还是离散，以此来确定不同的保护政策。

（3）可以用于解答与位置相关的问题，提供空间决策支持。例如，通过空间位置来查询适合某种特定目标的地区，如识别适合苹果种植的地区，或者是山体滑坡的高风险地区。

（4）可以计算路径和通行成本。例如，通过网络分析，得到最优派送路径，或者通过表面分析，来识别不同规划方式（如道路修建）在不同空间位置上带来的额外成本。

（5）可以操作所有潜在与空间信息有关的数据。无论用户拥有的数据是点、线、面，还是栅格、多面体、网络拓扑结构等，或是仅具备文字描述的地址信息或者方位描述信息，它们都可以转换为 GIS 数据，并且可以通过 GIS 的空间分析功能对这些数据进行计算、整合和分析。

3. 空间统计学

统计学是一门应用领域极其广泛且古老的学科，在它漫长的发展历史中，逐步演变成了通过搜索、整理、分析、描述数据等手段，以达到推断所测对象的本质，甚至预测对象未来的一门综合性学科。目前，统计学的应用几乎涵盖了社会科学与自然科学的所有领域。

在现今社会，统计学扮演着至关重要的作用。例如在商业及工业领域，统计学被用来了解与测量系统变异性、程序控制、对现有数据和资料进行总结和取证，以便做出结论，并且完成基于数据的决策，这些也是数据科学的主要应用领域。所以有人说：数据科学就是大众普适化的统计学。

空间统计学是统计学的一个分支，它主要通过使用各种空间数据处理、分析和计算手段，对空间数据的分布特征和分布模式进行识别和推断，以了解数据所蕴含的空间特性。与传统统计学不同，空间统计学关注和使用的主要是数据的空间关系，如距离、面积、体积、长度、高度、方向、中心、范围、相关性等空间特征。而这一点，恰好是空间数据科学的核心所在。正如世界著名地理学家 Anselin 教授所说："与传统数据科学不同的是，空间数据科学将位置、距离和空间关系视为数据分析的核心，并采用专门的方法和软件来进行存储、检索、探索、分析和可视化，并且从这些数据中学习更多的经验和知识。"[7, 8]

空间统计学被广泛用于不同类型的分析中，包括模式分析、形状分析、表面建模和表面预测、空间回归、空间数据集的统计比较、空间相互作用的统计建模和预测，等等。

4.7.3　空间数据科学特征与应用

1. 空间数据科学理论基础

地理空间数据是一种相对的参考性数据，在给定已知的位置使用对照于固定位置（如大地坐标原点）的参考距离或者比值的数值模型来进行表示，并且通过地图来进行直观的展示。所以空间数据有一个非常特殊的性质，即在一个数据附近的数据，更倾向于表现出与之更相似的特性。这一点，著名地理学家沃尔多·托伯勒（Waldo Tobler）在 1970 年通过他的"地理学第一定律"首次提出，其在定律中指出："所有事物都与其他事物有关，但近处的事物比远处的事物更相关"。换句话说，空间数据在空间上是相关的或相互依赖的，并且不满足经典统计学中观测值之间具有样本独立性这一统计原理的普遍假设。因此，空间数据科学相较于传统统计学，有下面四种基础概念与其对应。

1) 空间概率

空间概率是一种符合地理学第一定律的联合概率。

联合概率就是包含多个条件且所有条件同时成立的概率。正如抛硬币这一经典统计学实验，每次抛硬币的概率都是独立的，并不受到其他结果的影响，两者的联合概率仅仅是两个概率的乘积。但是在空间上，它们的联合概率取决于两者间的空间关系。

2) 概率密度

在空间上，概率最大的应用就是用于评估位置的不确定性。空间上任意方向的正态曲线组合成一个钟形，整个钟形的体积等于 1，表示这个事件点在某一位置必定存在，而该事件点处在任何一个定义区域的概率等于钟表面在这个区域上的体积，越靠近中心，定位点的密度越大。

3) 不确定性

测量是有不确定性的，但是在空间统计学科里，不确定性是会发生传递的，每一点的不确定性都会传递到下一个点中。

4) 统计推断

统计推断是科学研究最重要的工具之一，那么，空间中的统计推断与传统的统计推断有什么不同呢？传统的统计推断只保证随机性就可以了；空间统计的抽样需要保证样本之间原始的空间相关性，保证抽样不破坏数据的空间异质性。

2. 探索性空间数据分析

空间数据的描述和探测是空间分析与空间统计的基础。而对数据描述和探索的技术通常称为"探索性数据分析"，如果在空间信息领域，则被称为"探索性空间数据分析"。这些技术从本质上来看，依然是统计范畴：主要涉及基本统计量的计算和可视化。特别是在空间数据背景下属性表与空间信息相关数值的统计汇总。

对于属性表的数据图形分析，大多会采用直方图、箱线图以及散点图等，但是如果纯粹用属性图表的可视化方法，则无法明确表达数据的空间视角。不过如果这些方法通过数据的空间可视化与属性可视化动态链接的时候，就能够为探索性空间数据分析提供功能强大的工具集。

GeoScene Pro 中，提供了大量的类似方法，如：①为任何地图图层制作图表，使其包含表格、栅格或独立表；②与图表进行交互，可在相关地图、表格以及创建自同一图层的其他图表中动态浏览数据；③更改图表外观并保存或应用自定义格式主题；④管理与地图中图层相关联的图表；⑤通过将图表作为图形输出、添加至布局或者打包其源图层、地图或工程来共享图表。

3. 空间关系

空间分析与传统（非空间）分析的一个重要区别是空间统计分析将空间和空间关系直接整合到算法中。

因此，在做空间分析时都需要先为分析定义一种空间关系，在工具中，会被确定为一种固定的数值模型（图 4-103），不同的空间关系可以被映射为一个特定的数值，这个数值决定了要素在参与分析的时候，如何确定与之发生相互影响的邻居的情况。

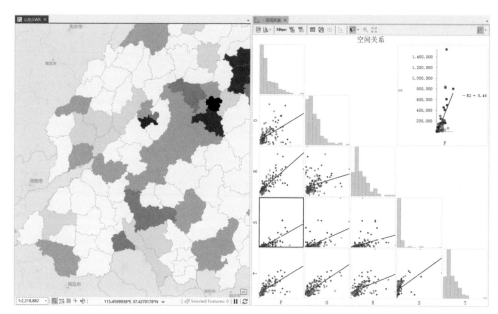

图 4-103　空间关系与指标间的关系

在 GeoScene 中，常见的概念化包括反距离、行程时间、固定距离、K 最近相邻要素和邻接。要使用的空间关系概念化表述主要取决于要测量的对象。例如，测量特定种类种子植物的聚集程度，使用反距离可能最合适。但是，如果要评估某一地区通勤者的地理分布，行程时间和行程成本可能是描述这些空间关系的更好选择。对于某些分析，空间和时间可能没有更抽象的概念重要，如熟悉程度（某些事物越熟悉，功能上越接近）或空间交互［如广州与深圳之间的通话数要比广州与广州附近较小城市（如东莞市）之间的通话数更多，所以有些研究可能认为广州和深圳在功能上更接近］。

4. 度量地理分布

研究地理空间数据的分布，可通过度量一组要素的分布来计算各类用于表现分布特征的值，如中心、密度或方向。可利用此特征值对一段时间内的分布变化进行追踪或对不同要素的分布进行比较。

GeoScene 平台提供了全面的度量地理分布的相关工具，全部集成在了 GeoScene 的空间统计模块中，如图 4-104 所示。

1) 中心要素

中心要素工具用于识别点、线或面输入要素类中处于最中央位置的要素。

2) 方向分布

创建标准差椭圆或椭圆体来汇总地理要素的空间特征：中心趋势、离散和方向趋势。测量一组点或区域的趋势的一种常用方法便是分别计算 x、y 和 z 方向上的标准距

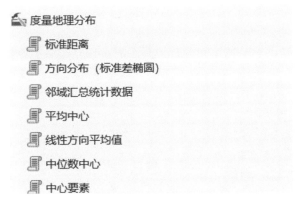

图 4-104　GeoScene 空间统计模块中的度量地理分布工具

离。这些测量值可用于定义一个包含所有要素分布的椭圆（或椭圆体）的轴。由于该方法是由平均中心作为起点对 x 坐标和 y 坐标的标准差进行计算，从而定义椭圆轴的，因此该椭圆被称为标准差椭圆。在三维中，还计算由平均中心作为起点 z 坐标的标准差，计算结果被称为标准差椭圆体。利用该椭圆或椭圆体，可以查看要素的分布是否为狭长形，且是否因此具有特定方向。

3) 线性方向平均值

线性方向平均值用来识别一组线的平均方向、长度和地理中心。一组线要素的趋势可通过计算这些线的平均角度进行度量。用于计算该趋势的统计量称为方向平均值。尽管统计量本身被称为方向平均值，但它实际上用于测量方向或方位。

4) 平均中心

平均中心工具，可以识别一组要素的地理中心（或密度中心）。平均中心用于研究区域中所有要素的平均 x 坐标、y 坐标和 z 坐标（如果可用）。平均中心对于追踪分布变化，以及比较不同类型要素的分布非常有用。

5) 中位数中心

中位数中心分析可以识别使数据集中要素之间的总欧氏距离达到最小的位置点。中位数中心工具是一种对异常值反应较为稳健的中心趋势的量度。该工具可标识数据集中到其他所有要素的行程最小的位置点。

6) 标准距离

标准距离工具可以测量要素在几何平均中心周围的集中或分散程度。度量分布的紧密度可以提供表示要素相对于中心的分散程度的值。该值表示距离，因此，可在地图上通过绘制一个半径等于标准距离值的圆或球体来表示一组要素的紧密度。标准距离工具用于创建圆面或多面体球（如果数据启用 z 值）。

5. 空间分析模式

GeoScene 平台提供了多种空间分析工具（图 4-105），用于分析和探索空间数据中所表达的分布模式。

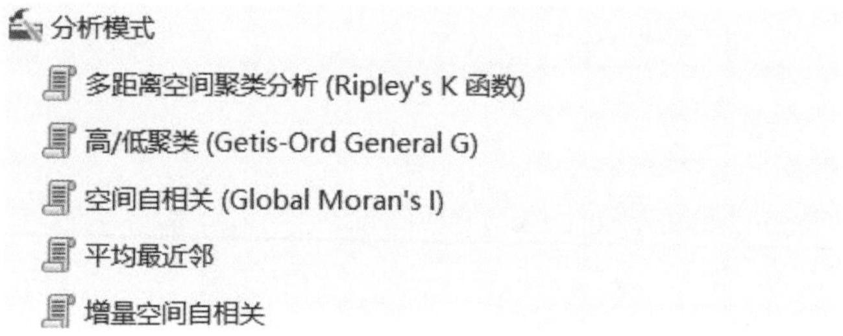

图 4-105　GeoScene 空间分析工具

1) 平均最近邻

平均最近邻工具，可以根据每个要素与其最近邻要素之间的平均距离计算其最近邻指数。

平均最近邻工具可测量每个要素的质心与其最近邻要素的质心位置之间的距离，然后计算所有这些最近邻距离的平均值。如果该平均距离小于假设随机分布中的平均距离，则会将所分析的要素分布视为聚类要素。如果该平均距离大于假设随机分布中的平均距离，则会将要素视为分散要素。平均最近邻比率通过观测的平均距离除以期望的平均距离计算得出。

2) 高 / 低聚类

高 / 低聚类（Getis-Ord General G）工具可针对指定的研究区域测量高值或低值的密度。

高/低聚类统计是一种推论统计，这意味着分析结果将在零假设的情况下进行解释。高 / 低聚类统计的零假设规定不存在要素值的空间聚类。该工具返回的 p 值较小且在统计学上显著，则可以拒绝零假设。如果零假设被拒绝，则 z 得分的符号将变得十分重要。如果 z 得分值为正数，则观测的 General G 指数会比期望的 General G 指数要大一些，表明属性的高值将在研究区域中聚类。如果 z 得分值为负数，则观测的 General G 指数会比期望的 General G 指数要小一些，表明属性的低值将在研究区域中聚类。

3) 增量空间自相关

增量空间自相关工具可以测量一系列距离的空间自相关，并选择性创建这些距离及其相应 z 得分的折线图。z 得分反映空间聚类的程度，具有统计显著性的峰值 z 得分表示促进空间过程聚类最明显的距离。这些峰值距离通常为具有"距离范围"或"距离半径"参数的工具所使用的合适值。

4) 多距离空间聚类分析

基于 Ripley's K 函数的多距离空间聚类分析工具是另一种分析事件点数据空间模式的方法。该方法不同于该工具集中其他方法（空间自相关和热点分析）的特征是可对一定距离范围内的空间相关性（要素聚类或要素扩散）进行汇总。在许多要素模式分析研究中，都需要选择适当的分析比例。例如，该分析通常需要距离范围或距离阈值。在多个距离和空间比例下研究空间模式时，模式会发生变化，而这通常可反映对运行中的特定空间过程的控制。Ripley's K 函数可表明要素质心的空间聚集或空间扩散在邻域大小发生变化时是如何变化的。

5) 空间自相关

空间自相关（Global Moran's I）工具同时根据要素位置和要素值来度量空间自相关。在给定一组要素及相关属性的情况下，该工具评估所表达的模式是聚类模式、离散模式还是随机模式。该工具通过计算 Moran's I 指数值、z 得分和 p 值来对该指数的显著性进行评估。p 值是根据已知分布的曲线得出的面积近似值（受检验统计量限制）。

6. 空间关系建模

除了分析空间模式之外，GIS 分析还可用于挖掘或量化要素间关系。"空间关系建模"工具可构建空间权重矩阵或利用回归分析建立空间关系模型（图 4-106）。

图 4-106　GeoScene 中的空间关系建模

用于构建空间权重矩阵文件的工具可衡量数据集中各要素彼此之间的空间相关性。空间权重矩阵是数据空间结构的一种表现形式：用于表达存在于数据集中各要素间的空间关系。

1) OLS 回归分析

回归分析可能是最常用的社会科学统计方法。回归分析用于评估两个或更多要素属性之间的关系。识别和衡量关系可使用户更好地了解某地正在发生的事情、预测某地可能发生某事或者调查事情发生在事发地的原因。

普通最小二乘法（OLS）是所有回归方法中最常用的方法。而且，它也是所有空间回归分析的起点，可以为了解或预测的变量或过程提供全局模型；还可创建表示该过程的单回归方程。

2) 协同区位分析

协同区位分析工具使用协同区位商统计数据来测量两类点要素之间的局部空间关联模式。该工具的输出是使用添加的字段（包括协同区位商值和 p 值）进行分析的两个类别之间空间关联可能性的地图制图表达。可以指定一个可选的表格参数，用于报告感兴趣输入要素参数中的每个类别与输入相邻要素参数中表示的每个类别之间的关联。

3) 地理加权回归

地理加权回归（GWR）是用于地理及其他学科的若干空间回归技术中的一种。通过对数据集中的各要素拟合回归方程，GWR 可以评估了解或预测的变量或过程的局部模型。GWR 构建这些独立方程的方法是：将落在每个目标要素邻域内的要素因变量和解释变量进行合并。所分析的每个邻域的形状和范围取决于邻域类型和邻域选择方法参数。GWR 通常被用于处理包含数百个要素的数据集。它不适用于小型数据集，也不能用于处理多点数据。

4) 概化线性回归

概化线性回归可以创建用户所尝试理解或预测的变量或过程的模型，并将其用于检查和量化要素之间的关系。

5) 探索性回归

探索性回归工具是一种数据挖掘工具，该工具将尝试解释变量的所有可能组合，以便了解哪些模型可以通过所有必要的 OLS 诊断。通过评估候选解释变量的所有可能组合，可以大大增加找到最佳模型的机会，从而解决问题或回答问题。虽然探索性回归与逐步回归（可在许多统计软件包中找到）相似，但探索性回归并非只是寻找具有较高校正 R^2 值的模型，而是寻找满足 OLS 的所有要求和假设的模型。

6) 基于森林的分类与回归

基于森林的分类与回归工具会根据作为部分训练数据集提供的已知值训练模型。然后，使用此预测模型来预测具有相同关联解释变量的预测数据集中的未知值。该工具可使用 Leo Breiman 随机森林算法（一种监督式机器学习方法）的改编版本创建模型并生成预测。该工具将创建可用于预测的许多决策树，称作集成或森林。每棵树会生成自己的预测，然后被用作投票方案的一部分来进行最终预测。最终预测不会基于任何单个树，而是基于整个森林。使用整个森林，而不是单独的树有助于避免将模型与训练数据集过度拟合，就像使用组成森林的每棵树中训练数据的随机子集和解释变量的随机子集那样。

7) 局部二元关系

很多 GIS 分析工作流的重要组成部分是比较研究区域中的两个变量，以确定两个变量是否相关以及它们的关系如何。局部二元关系工具可以通过确定其中一个变量的值是否取决于或受另一个变量的影响，确定这些关系是否随地理空间而发生变化来量化同一地图上两个变量之间的关系。该工具可计算每个局部邻域中的熵统计，从而量化两个变量间共享信息的数量。与其他通常只能捕获线性关系的统计数据不同，熵可以捕获两个变量间的任何结构关系，包括指数、二次、正弦，甚至是无法使用典型数学函数表示的复杂关系。该工具将接收面或点，并创建一个汇总了每个输入要素关系的重要性和形式的输出要素类。

8) 熵方法

两个变量彼此相关的意思是什么？两个变量之间的关系可以有多种类型，但是从最简单的意义上讲，如果可以通过观察一个变量的值来了解另一个变量的信息，我们就说两个变量相关。例如，通过观察有关肥胖的信息，可以获得有关糖尿病风险的信息。两个变量间的这种关系称为相互依赖。反之，如果观察一个变量并不能获得关于另一个变量的信息，则这两个变量相互独立。

衡量变量间相关程度的一种方法是使用熵。熵是信息理论的基本概念，它用于量化随机变量中的不确定性。一般来说，变量的可预测性越低，熵就越高。熵的用途很广泛，可以用于各随机变量，对于两个或两个以上变量之间的关系，还可以计算联合熵。两个变量的联合熵等于第一个变量熵加上第二个变量的熵，减去两个变量的交互信息量。交互信息可以有效量化变量之间的依赖程度，因为它可以直接测量通过观察一个变量的值可获得的另一个变量的相关信息量。

4.7.4　空间数据科学平台与工具

GeoScene 除了软件平台内置的大量工具以外，还额外提供了专门的空间数据科学平台和空间数据分析平台，来进行强大的地理空间数据分析和可视化展示。

1. 数据洞察与空间智能

GeoScene Insights 是一款空间数据分析平台软件，它将空间分析与数据科学和商业智能工作流相融合（图 4-107），全面探索空间和非空间数据、解决用户尚未意识到的问题，并洞察数据之间的关系。它支持为各部门中各类分析人员进行授权，并直接链接数据，执行高级分析并将结果写入第三方系统。

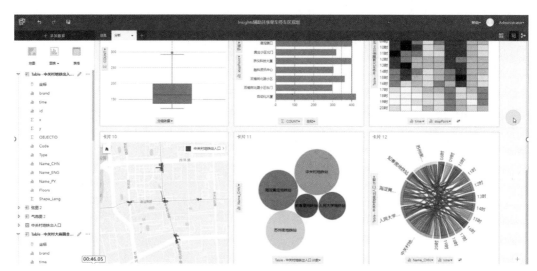

图 4-107　Geoscene Insights 辅助进行共享单车停车区域规划

GeoScene Insights 具有如下特点：

（1）强大的分析功能。GeoScene Insights 以直观的方式探索数据并执行高级分析，如各种空间分析、统计分析、预测分析和链接分析。各类分析可以辅助决策的制定，并以可视化的方式为用户提供从"位置"视角获取的全新的、对未知信息的洞察能力。

（2）多来源数据集成。借助直观可见的分析，GeoScene Insights 可以将位置数据与业务数据相结合。无论数据是来自 GeoScene、关系数据库、电子表格，还是来自在线数据，均支持直接对其进行链接。

（3）为任意位置绘制地图并进行分析。GeoScene Insights 支持以地图方式绘制各类投影和位置数据，包括地址、坐标、线或边界数据；可以同时加载无限量的地图图层。通过很少几次点击，就可以执行高级的空间分析，如空间聚合、查找最近点和计算行驶时间等。

（4）回答未知的问题。通过将数据以可视化的方式呈现，GeoScene Insights 将复杂的数据集转换为可被管理的信息。通过探索性的分析技术，GeoScene Insights 可以快速揭示各类模式、发展趋势、相关性和数据之间的关系，并通过高级分析（如空间分析、统计分析和链接分析）来进一步分析数据。

（5）分享分析的过程和结果。GeoScene Insights 支持创建带有文本、链接、图像、视频和品牌的报表，以清晰地传达结果，并显示获得这些结果的过程。它还支持自动记录分析工作流，建立可重复的流程，用来分享我们的发现。此外，它还可以在内部或公开发布报告，供相关人员了解情况。

2. 空间数据科学平台

GeoScene Notebooks 提供一个基于 Web 的多功能界面，可进行强大的地理空间数据分析。通过集成 Jupyter Notebook，可以执行分析、自动化工作流，并立即在地理环境中以可视化的方式显示数据和分析结果。

Notebook 是一种高效、现代的环境，它将代码、实时可视化和地图以及数据工具进行了完美的结合。在 Notebooks 编辑器中，可以在同一个位置写入、归档和运行 Python 代码。

GeoScene Notebooks 提供了一个集成的 Web 界面，用于创建、共享和运行数据科学、数据管理和管理脚本。Notebook 创作者可以使用大量的专用 Python 资源以及热门开源分析、统计和机器学习库。

Python 长期以来一直是 GeoScene 平台的活跃部分，而 GeoScene Notebooks 能够将强大的多功能 Python 直接引入 GeoScene Enterprise 门户。API 允许将动态地图和地理空间数据工具合并到 Notebook 中。

所有 GeoScene Notebooks 均在获得了 GeoScene Notebook Server 角色许可的 GeoScene Server 上运行。服务器与 GeoScene 门户联合后，可以使用在门户网站中创建图层或以 Web 应用程序的方式来创建 Notebook。像其他项目一样，GeoScene Notebooks 在门户中使用基于身份的安全认证，管理员可以控制用户创建、共享、编辑和查看 Notebook。

GeoScene Notebooks 具有集中、可访问的直观界面，为用户开辟了更多的数据科学、空间分析和管理的可能性。

GeoScene Notebooks 是当前运行最强大的空间数据科学工具（图 4-108）。可以利

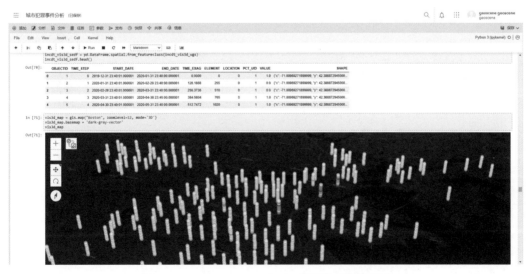

图 4-108　GeoScene Notebooks 空间数据科学平台

用专业知识、技术和想象力，基于在线托管 Notebook 来回答空间数据分析问题、生成结果并对结果进行直观可视化。GeoScene Notebooks 包含数百个 Python 库，可实现全方位的功能。该平台允许创建端到端的分析工作流，支持实现以下操作：①自动执行数据收集和清理；②构建预测模型，为组织战略和方向提供信息；③应用高级统计工具，如基于树的方法、神经网络和贝叶斯技术；④利用热门机器学习库，如 Scikit-learn 和 TensorFlow；⑤将分析与全套 GeoScene 制图功能集成；⑥通过共享和归档代码来提高透明度和可再现性。

第三部分

应用实践

第 5 章 GeoScene 平台配置策略与部署方法

5.1 平台配置策略

GeoScene 平台配置策略其实是系统架构设计中的一部分，在大型 GIS 系统架构设计中，使用的依然是软件通用的系统架构设计流程和方法，然后把需要考虑的因子贯穿到 GeoScene 平台配置策略中。

5.1.1 系统架构设计

1. 什么是系统架构设计 [9] ？

系统架构设计是使企业业务更加高效的方法。这个方法建立在现有的 IT 基础设施基础上，针对目前和未来的企业（用户）需求，对硬件和网络的解决方案提出详细的建议。

系统架构设计开始于识别业务需求，其中包括识别用户定位、所需的信息产品，识别所需的数据源并开发出相应的软件程序。

系统架构设计将业务需求转换成明确的 IT 需求。硬件的需求一般基于软件满负荷运行的峰值。网络连通性需求一般基于数据流的峰值。容量计划用于确定软件采购计划。

一个好的系统架构设计可以减少系统部署失败的风险。其实，一个系统架构设计可以简单地理解为一个计划，这个计划可以帮助我们识别用户的需求，理解系统关键性能指标，识别增量系统性能目标，明确性能验证方法。我们可以通过构建好前期框架，控制部署的风险。

如果没有设计搭建系统的经验，可以反过来，也就是从搭建好的一个系统去反向推理。例如，用户使用搭建好的系统时，认为速度慢，导致工作效率低。如果继续深入分析问题，用户等待的总时长其实是多个环节的时间总和。为了避免这个时间总和过长，在最开始的时候就要注意以下两项：首先，落实在软件上的用户工作流是最优的。其次，这个工作流在各个环节消耗的时间是比较短的，这样最后的时间总和才会最短，以提供更加满意的用户体验。

从这两条出发的话，我们就能对系统设计的功能有一个大概的了解，即了解用户需求，确定实施目标，有一个控制方案，确保最终部署的时候是满足用户需求的。

2. 系统架构设计考虑的方面

系统设计中最薄弱的环节会限制系统的性能。系统架构设计可以在规划过程中确定薄弱环节，促成平衡的系统设计。系统设计的目的之一就是识别出最弱的环节，并且尝试去改善。

对于基础设施部分要考虑的点有：①网络 I/O，网络流量需要高带宽；②处理器，平台处理器芯片的处理能力；③内存，平台物理内存的利用率；④显卡，图形显卡的负载量；⑤磁盘 I/O，存储磁盘的读写性能。

不同的工作流将增加系统不同的负载。下述四种使用类型表明了工作流不同，负载分布不同：①网络 I/O 密集型的数据查询分析；②计算（处理）密集型的分析和处理；③图形密集型的漫游和二维动画；④磁盘 I/O 密集型的数据加载和转换。

系统设计的薄弱环节远不止在硬件上，只是硬件比较容易让人注意和重视。系统架构设计中还需要考虑以下几个因素：①数据库设计和数据格式，DBMS、GeoDatabase；②用户工作流软件设计，应用程序开发；③计算基础设施必须提供足够的能力来处理高峰工作负载；④服务器平台处理器和部署架构必须满足高峰期的处理负荷；⑤必须有充足的网络带宽和远程站点链接以避免交通冲突；⑥存储访问性能和容量必须足以提供所需的数据访问。

5.1.2 GIS 平台配置策略

当把系统架构设计思想贯穿到 GeoScene 平台中时，会涉及数据源、地图制图、服务和部署架构几个层面。下面分别从前面几点来展开介绍。部署架构将在后面章节中具体展开。

1. 数据源层面

要素类的分辨率需要与数据的准确性相匹配。如果数据是米级，那毫米级分辨率就显得没有必要。在数据层面，我们需要为空间数据建立合适的空间索引，维护好 GeoDatabase 的统计值，空间数据库选择使用推荐的空间字段类型，如 st_geomery；还需要正确了解并选择使用企业级 GeoDatabase 或基于文件的数据格式。企业级 GeoDatabase 的效率更高，而且能支持各种复杂的并发编辑需求；而基于文件的数据格式，如 File GeoDatabase，则在性能和可伸缩性方面都优于 Shapefiles。

2. 地图制作层面

数据层面之上，需要考虑的是地图层面。地图是空间数据的展示载体，在 GIS 系统中必不可少。制作一幅高性能地图，也是 GIS 平台配置策略中很重要的一个方面。地图中的图层数、每个图层中的要素数、数据模型的复杂程度等都会影响最终显示的效率。

第一类方法是确认只显示需要出现的数据。这个考虑维度比较简单，如缩减不必要的图层、合并类似的图层、删除不需要的字段；还需要考虑设置比例尺依赖，设置比例尺依赖的意思就是在给定的比例尺上显示合适的数据，而不是不同的比例尺上都显示所有图层。所有图层都需要保证使用相同的坐标系统。此外，要删除图层中的自定义查询以提高效率。

第二类方法是从如何展示上入手。不要使用太多复杂的符号；可以考虑不同的比例尺采用不同的符号，小比例尺因为显示范围广，可以用一些示意性的简单符号；尽量使用注记而不是标注；避免使用动态的标注方法来标注要素。

3. 服务层面

地图层面之上便是服务层面。服务层面重要的是要考虑不同场合使用不同的服务模型，并设置合理的参数。

1) 专属服务模型

专属服务模型是较为传统的服务模型，一个服务实例和计算机上的进程是一对一的关系，即一个实例会有一个进程启动。专属服务模型的服务通过设置最大最小实例数来满足峰值和峰谷时的客户请求数量。设置较大的最小实例意味着占用大量内存资源，设置较小的最大实例数又意味着前端等待时间会加长，因此，要根据前端的使用情况来适当考虑最大、最小实例数。这一点是非常重要的。

2) 托管服务模型

托管服务最大的优势是没有实例进程，因此节省了服务器上的内存资源。不过数据以 JSON、PBF 的形式返回客户端进行渲染，数据量太大的情况下，传输和前端渲染数据都会有压力，甚至形成瓶颈。另外，托管服务数据是被保存在平台自带的关系库中进行管理的。

3) 共享服务模型

共享服务模型使用共享实例池。多个服务可以共用此共享实例池，因此，可以减少机器内的进程数量，也能减少内存消耗。这种服务模型比较适用于前端请求较少的一些服务，可以把这些服务实例放在共享服务池中，缓存服务也推荐使用共享实例池。

总体来说，首先，挑选出已知需求量大的服务，配置这些服务使用专用实例，以及合理的最大、最小实例数，确保高峰期满足用户的业务需求。其次，对于用户请求不频繁的服务，配置这些服务使用共享实例。对于数据量不大的要素服务，可以考虑使用托管服务模型。

5.2　GeoScene 平台部署方法

GeoScene Enterprise 由 4 个组件组合搭建而成，这四个组件包是 Web Adaptor、

Data Store、GIS Server 和 Portal。

从下面两个方面考虑 GeoScene Enterprise 的部署：什么是基础 GeoScene Enterprise 部署以及如何扩展基础 GeoScene Enterprise 部署（需要了解 Server 的不用角色）。

5.2.1　基础 GeoScene Enterprise 部署

一个基础 GeoScene Enterprise 部署由以下元素组成（图 5-1）：

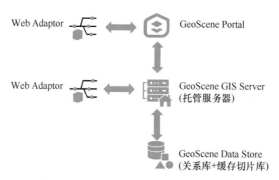

图 5-1　GeoScene Enterprise 基础部署

（1）GeoScene Portal，是平台的门户，管理基础 Enterprise 的内容和安全。

（2）GeoScene GIS Server，是平台的服务器软件组件，用来提供各种服务功能，这里配置成为托管服务器，用以管理 Portal 端发布的服务。

（3）GeoScene Data Store，是平台的数据库组件，包含三种类型的数据库：关系型数据库、切片缓存数据库、时空大数据数据库，这里将 GeoScene Data Store 配置成关系库或者切片缓存库。

（4）Web Adaptor，是 GeoScene Enterprise 的基础组件，负责 GeoScene 平台访问的请求转发，基础配置中有两个 Web Adaptor：一个配置给 Portal；一个配置给 Server。

搭建一个基础 Enterprise，需要将四个组件组合使用。在搭建四个组件时，可以选择将四个组件部署在单机或者多机上；这种情况下，每个组件只有一个节点，为了避免或者减少环境出现宕机时间，可以进一步考虑高可用部署。

1. 单机 / 多机部署

单机部署，顾名思义，是将基础的 GeoScene Enterprise 中四个组件部署在一台计算机上。这种部署方案一般适用于比较小型的系统、服务数量以及前端请求都不大的情况。

多机部署，顾名思义，是将基础的 GeoScene Enterprise 中四个组件部署在不同的计算机上。具体又可以分为双层和三层部署方案：双层部署方案是把 GeoScene Portal 和 GeoScene Server、Data Store 分开部署，这种部署方案适用于一般场景，提供普遍的 GIS 服务功能；三层部署方案是把 GeoScene Portal、GeoScene Server、GeoScene Data

Store 都分别安装在不同的机器上，这种方案较适用于托管服务处于重要位置的场景中，或者用于较多使用平台分析功能的场景中。

2. 高可用部署

高可用部署方案，最重要的是可以避免系统中使用的组件因为单点故障带来的宕机时间，保障应用 7×24 小时运行。这对一些关键业务系统是非常重要的。图 5-2 是 GeoScene 高可用部署方案。前面经由一个负载均衡组件对用户开放，组件 Portal、Server 和 Data Store 都由两个或者多个节点组成，这样部署更加安全可靠。

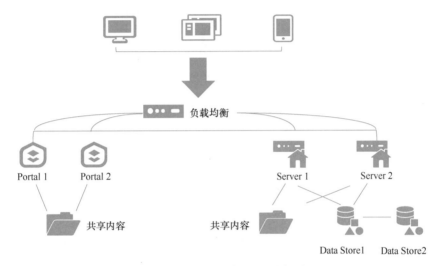

图 5-2　GeoScene 高可用部署方案

5.2.2　扩展基础 GeoScene Enterprise 部署

本节介绍如何扩展 GeoScene Enterprise 基础部署的能力，在 GeoScene Enterprise 基础之上实现实时大数据、时空大数据、栅格大数据处理等功能。GeoScene 扩展服务器如图 5-3 所示。

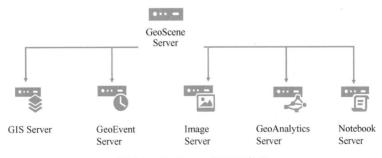

图 5-3　GeoScene 扩展服务器

1. 矢量大数据

矢量大数据服务器的主要作用是采用分布式计算方式来处理矢量大数据。矢量大数据服务器的出现提供了一种新的空间计算的方式。

矢量大数据服务器典型配置如图 5-4 所示。

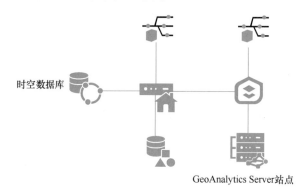

图 5-4 矢量大数据服务器典型配置

在配置和使用矢量大数据时需要注意：①需要将 Data Store 配置为时空库；②一个基础的 GeoScene Enterprise 只能有一个矢量大数据站点。

2. 栅格大数据

栅格大数据主要提供两种功能：支持基于镶嵌数据集的影像服务和使用分布式的方式进行栅格分析。

栅格大数据服务器典型配置如图 5-5 所示。

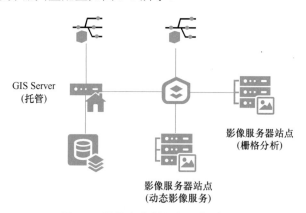

图 5-5 栅格大数据服务器典型配置

在配置栅格大数据站点时有两点需要注意：①如果系统要求一个 GeoScene Enterprise 只能有一个栅格大数据站点，可以通过添加更多的 RAM 或者计算机增加站点规模。②对于将在大型数据集上定期执行复杂栅格分析的情况，要确保动态影像服务不受负面影响，可以考虑搭建两个站点，分别实现栅格分析和动态影像服务。

3. 实时大数据

实时大数据提供了一种新的方式，将实时数据流整合到 GIS 的业务系统中。

实时大数据服务器典型配置如图 5-6 所示。

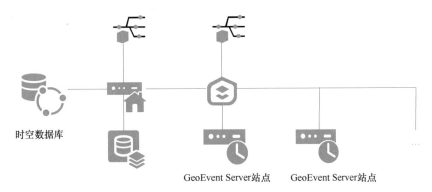

图 5-6　实时大数据服务器典型配置

在配置和使用实时大数据时需要注意两点：①需要将 Data Store 配置为时空库；②如果实时传感器网络包含多个数据流，可以配置多个单机时空大数据站点，每台都用于特定的实时数据流。

4. Notebook Server

部署 Notebook Server，开启了 GeoScene Enterprise 的数据科学功能。可以使用 Python 编程语言执行空间分析，制定数据科学和机器学习工作流，管理 GIS 数据和内容，以及管理 GeoScene Enterprise 任务。

Notebook Server 典型配置如图 5-7 所示。

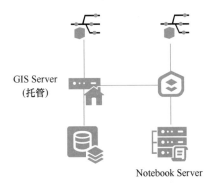

图 5-7　Notebook Server 典型配置

5.3　典型部署

下面以矢量大数据为例，进一步说明如何进行一个典型的 GeoScene Enterprise 部署。基础的 GeoScene Enterprise 是使用矢量大数据服务器的前提，并且一个基础的 Enterprise 站点只能配合一个矢量大数据服务器站点。

因为矢量大数据服务器往往被用于处理大量数据，并且希望其能在一个合理高效的时间内返回处理结果，所以一个有效的矢量大数据部署往往包含多台机器，这样可以实现将一个计算任务分布在多个机器节点上并行计算。在配置这个高效环境的时候，需要重点考虑的是 Data Store 和矢量大数据服务器的节点数，两者的节点数最好能满足一对一甚至多对一的比例。

除了配置架构上的节点数，在实际部署中机器资源的配置也是一个非常重要的考量。矢量大数据服务器和一起使用的 Data Store 最少需要 16GB 内存。这是因为机器资源直接决定了服务器处理能力的上限，在大数据并行计算的环境中，机器资源的配置往往高于 Enterprise 基础部署。

GeoScene 空间大数据产品部署，通常与整体业务系统规划相匹配。图 5-8 提供了 GeoScene 空间大数据典型部署方案，涵盖了 GIS Server 服务器、大数据资源池、大数据分析集群的部署设计和数据流程设计。

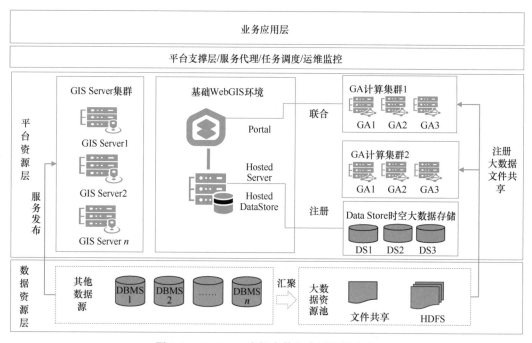

图 5-8　GeoScene 空间大数据典型部署方案

GeoScene 空间大数据运行是长事务型运算，因此对数据体量和规模、硬件环境配置的要求较高。

依据实际数据规模、业务场景需求，提供了两种不同的硬件配置级别：①基础版，适用于十万级、百万级数据量规模，且没有频繁和并发请求的情况下；②高级版，适用于千万级、亿级数据量规模，如果有并发请求，且频次较高时，建议采用双集群策略。

　　基础版资源配置，适用于数据规模不大，如十万级、百万级的数据量，且没有持续、大规模运行的场景。

　　空间大数据基础版参考配置方案见表 5-1。

表 5-1　空间大数据基础版参考配置方案

编号	环境	节点	CPU/ 核	内存 /GB	硬盘 /GB
1		Portal	8	32	300
2	基础 WebGIS 环境	GIS Server	8	32	300
3		Data Store（relational）	8	32	300
4		GeoScene GeoAnalytics Server1	16	64	300
5	分布式计算集群	GeoScene GeoAnalytics Server2	16	64	300
6		GeoScene GeoAnalytics Server3	16	64	300
7		Data Store1（Spatialtemporal）	16	64	300
8	时空大数据存储集群	Data Store2（Spatialtemporal）	16	64	300
9		Data Store3（Spatialtemporal）	16	64	300
10	桌面环境	GeoScene Pro	16	64	300
11	公共存储（NFS）	NFS 公共存储节点	8	32	1024
总计			144	576	4024

　　高级版资源配置，适用于大规模时空数据分析及复杂业务场景运行，如国土空间规划业务中，常见的国家级、省（自治区、直辖市）级数据的土地利用变化监测分析、三线冲突检测分析、用地红线智检业务分析；电信领域常见的手机信令数据处理及分析；交通领域常见的车辆、船舶运行历史轨迹点数据的洞察挖掘。这些数据体量较大，通常在千万级、亿级规模，运算模型复杂，涉及大量的空间运算、叠加分析、时空关联分析等内容。

　　因此，在硬件资源规划时，需要考虑集群的扩展性和延展性。可以从横向提升节点数量、纵向提升节点配置方面进行规划。横向提升节点数量方面，可以增加矢量大数据计算集群、时空大数据存储集群的节点数量；纵向提升机器配置，可以提升单台计算机的 CPU、内存配置，同时使用高速盘，提升磁盘读写能力。

　　空间大数据高级版参考配置方案见表 5-2。

表 5-2　空间大数据高级版参考配置方案

编号	环境	节点	CPU/ 核	内存 /GB	硬盘 /TB
1		Portal GeoScene GeoAnalytics Server Plus	40	256	1
2	基础 WebGIS 环境	GIS Server	32	128	1
3		Data Store（Relational）	32	128	1
4		GeoScene GeoAnalytics Server1	40	256	0.5
5	分布式计算集群	GeoScene GeoAnalytics Server2	40	256	0.5
6		GeoScene GeoAnalytics Server3	40	256	0.5

编号	环境	节点	CPU/ 核	内存 /GB	硬盘 /TB
7	时空大数据存储集群	Data Store1（Spatialtemporal）	32	128	1
8		Data Store2（Spatialtemporal）	32	128	1
9		Data Store3（Spatialtemporal）	32	128	1
10	公共存储（NFS）	NFS 公共存储节点	8	16	1
11	桌面环境	GeoScene Pro	16	64	1
总计			344	1744	9.5

第 6 章　GeoScene 应用实例分析

6.1　智慧城市信息模型平台

6.1.1　概述

自 2018 年底住房和城乡建设部发布《住房城乡建设部关于开展运用建筑信息模型系统进行工程建设项目审查审批和城市信息模型平台建设试点工作的函》，将北京城市副中心、广州、南京、厦门、雄安新区列入"运用建筑信息模型（BIM）进行工程项目审查审批和城市信息模型（CIM）平台建设"试点开始，就明确提出了探索建设智慧城市基础平台的指导要求。到 2020 年底住房和城乡建设部、中央网信办、科技部、工业和信息化部、人力资源和社会保障部、商务部、中国银行保险监督管理委员会联合发布《关于加快推进新型城市基础设施建设的指导意见》并给出 16 个试点城市，其中 CIM 平台建设作为"新城建"七大内容之一被放在首要位置，其重要性可见一斑。CIM 为实现城市数据采集、共享和应用，建立统一的城市数据"大脑"提供了有效途径，对打通传统智慧城市中的"信息烟囱""数据孤岛"，解决现阶段智慧城市建设存在的诸多问题具有重要意义。

2020 年 6 月住房和城乡建设部、工业和信息化部、中央网信办联合发布《关于开展城市信息模型（CIM）基础平台建设的指导意见》，并提出："建设基础性、关键性的 CIM 基础平台，构建城市三维空间数据底板，推进 CIM 基础平台在城市规划建设管理和其他行业领域的广泛应用，构建丰富多元的"CIM+"应用体系，带动相关产业基础能力提升，推进信息化与城镇化在更广范围、更深程度、更高水平融合。"

6.1.2　解决方案

1. CIM 的定义和内涵

城市信息模型是以建筑信息模型、地理信息系统、物联网等技术为基础，整合城市地上地下、室内室外、历史现状未来多维多尺度信息模型数据和城市感知数据，构建起三维数字空间的城市信息有机综合体[10]。CIM 是数字孪生城市的核心，为城市的规划、建设、运行管理全过程的"智慧"赋能。

在面向智慧城市建设中，CIM 的含义有三个层次，包括城市信息模型、城市智能分析、城市智慧应用。

城市信息模型：城市智能化在空间场景上覆盖从单体建筑到社区、街区、城区、城市群五种空间尺度，以及地上（城市建筑及基础设施）、地表（交通、能源、资源等）、地下（管廊等）三个维度。CIM 是覆盖城市五尺度三维度，并整合了城市感知数据的全空间数据信息模型。

城市智能分析：CIM 汇聚了人工智能、大数据、区块链、AR/VR 等新技术基础服务能力，全面实现城市智能化决策分析。

城市智慧应用：CIM 全面服务于社会生活、政府服务、城市管理、生态环境等方方面面的智慧化提升。

三个层次体现了从数字城市到智慧城市的逐步递进，从对城市的数字化映射，到智能化的分析处理，再反馈到城市的管理应用。

智慧城市建设包含了各个行业的应用，涵盖城市智能化应用、公共安全应用、规划国土应用、市政管理应用等方方面面的智慧行业应用（图 6-1）。智慧化的城市治理包括要素资源调配（整体掌控要素分布、全面了解资源消耗、灵活调度资源分配）、功能设施建设（系统管控城市资产、有序开发城市土地、细致管理房屋资源）、有形资产经营（及时发现薄弱区域、科学评估功能需求、合理布局配套设施）、突发预警处理（定向反馈责任机构、准确定位灾害位置、迅速派遣处理队伍）等，均需要智慧化的决策平台辅助城市管理者。

图 6-1　CIM 的构成、技术及应用

CIM 包含城市基础空间数据、城市数字化模型数据和城市运行感知数据，为智慧城市的建设提供了完整、精细、准确的城市信息，连通物理现实城市与数字孪生城市。通过大数据、人工智能、云计算、物联网等技术，为城市管理者提供大数据支撑下的可视化决策管理平台，创新城市管理手段，提升城市管理水平，秉承开放、共享、互惠的构建理念，汇聚政府管理者、城市运营商、房产开发商、物流服务商、能源提供商、设施运维商等城市生态伙伴，构建了以 CIM 为内核的智慧城市生态圈。

2. CIM 平台建设的主要内容

CIM 平台的基本组成如图 6-2 所示。

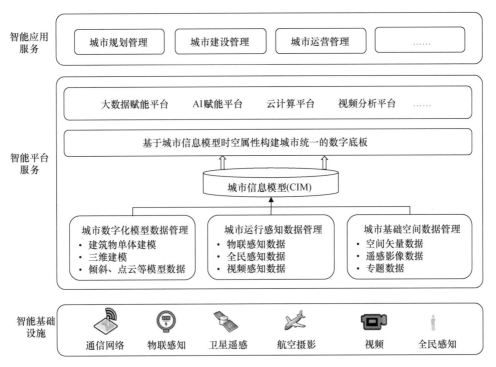

图 6-2　CIM 平台的基本组成

面向智慧城市的 CIM 平台，能够将 CIM 涉及的各类信息进行统一表达，通过对城市场景的分析，对城市中各类信息的分析，得出各类信息的时空属性，以时空作为枢纽对 CIM 进行统一的组织管理，形成数字孪生城市的数字底板。作为城市级的决策管理平台，CIM 平台建设的主要内容包括：

（1）做好数据汇聚展示功能，完整记录自然环境、社会经济等现状数据，汇集规划、建设、运营等生长数据，并以三维可视化的方式呈现；

（2）发挥决策分析功能，为城市管理者在征地拆迁、项目管理、城市运营、环境保护等领域提供管理决策支持；

（3）具备应用基础支撑功能，为数字规划系统、征地拆迁系统、智慧交通等其他业务系统提供基础数据和应用支撑。

最终 CIM 平台将建设成为能够让城市决策者总览城市规划、建设、运营情况，并进行会商决策的支撑平台。

3. CIM 平台及其应用建设

下面以"中新天津生态城智慧城市 CIM 平台"为例介绍 CIM 平台及其应用建设。

1) CIM 平台总体架构

CIM 平台总体架构包括五个层次（设施层、数据层、服务层、应用层和用户层）和三大体系（技术规范体系、信息安全体系、运维保障体系）（图 6-3）。

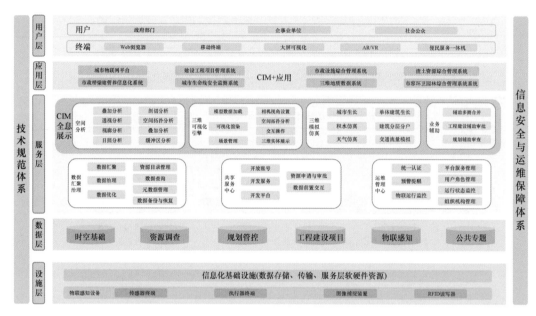

图 6-3　CIM 平台总体架构

　　（1）设施层：应包括信息网络基础设施和物联感知设备。信息网络基础设施宜包括信息机房、网络设备、安全设备、存储设备、服务器设备、基础软件和终端设备等，为 CIM 基础平台的稳定运行提供数据存储、计算、传输、服务等基础软硬件资源。支撑 CIM 基础平台运行的物联感知设备宜包括集成通信模块的传感器终端、执行器终端、图像捕捉装置、RFID 读写器等，实现对城市范围内人员、设施、环境等数据的实时识别、采集和监测。

　　（2）数据层：应建设至少包括时空基础、资源调查、规划管控、工程建设项目、物联感知和公共专题等类别的 CIM 数据资源体系。

　　（3）服务层：建设包括数据汇聚治理平台、共享服务中心、运维管理中心、全息展示平台等 CIM 基础平台。提供从数据治理及管理、全域空间数据的可视化展示分析到应用开发支撑以及后台运维管理的全方位服务。

　　（4）应用层：包括两大类应用：一类是面向工程建设项目的行业应用，包括规划信息模型审查、设计信息模型审查、施工信息模型审查和竣工信息模型备案等功能和服务；另一类是面向智慧城市的专题应用，包括智慧交通、城市运营、应急管理、环境监测、城市体检等应用。

（5）技术规范体系：应建立统一的数据标准、技术规范，指导 CIM 基础平台的建设和管理，应保持与国家、行业和省（自治区、直辖市）级数据标准与技术规范衔接一致。

（6）信息安全体系：应按照国家相关安全等级保护要求建立安全保障体系，保障系统运行过程中数据、网络、平台运维等的安全。

（7）运维保障体系：应建立运行、维护、更新与安全保障体系，保障 CIM 基础平台网络、数据、应用及服务的稳定运行。

2) CIM 基础平台建设

CIM 基础平台的建设内容包括 CIM 底板数据中心、CIM 汇聚与治理平台、CIM 全息城市展示、CIM 共享服务中心、CIM 运维管理中心以及 CIM 平台标准规范。

（1）CIM 底板数据中心（图 6-4）：建成具有时空基础数据、资源调查数据、规划管控数据、工程建设项目数据、专题数据和物联网感知数据的大数据库，负责原始数据、治理中间成果数据以及最终成果数据的存储和管理。

图 6-4　三维底板数据中心

（2）CIM 汇聚与治理平台（图 6-5）：提供海量多源异构数据的接入汇聚、数据清洗治理和数据综合管理的工具，以实现三维城市数据的全生命周期管理，用以保证数据的鲜活性。

（3）CIM 全息城市展示：进行全域空间数据的可视化展现，提供海量数据的高效查询检索、多维度多指标统计和各类空间分析能力（缓冲区分析、叠加分析、空间拓扑分析、通视分析、视廊分析、天际线分析、绿地率分析、日照分析等）；支持从建筑单体、社区到城市级别的模拟仿真能力，从而为城市设计、绿色建筑、智慧社区、智慧管网、海绵城市等典型场景应用提供支撑（图 6-6～图 6-9）。

（4）CIM 共享服务中心：通过开放账号、开放服务和开放平台的方式，为其他各部

图 6-5　数据汇聚与治理

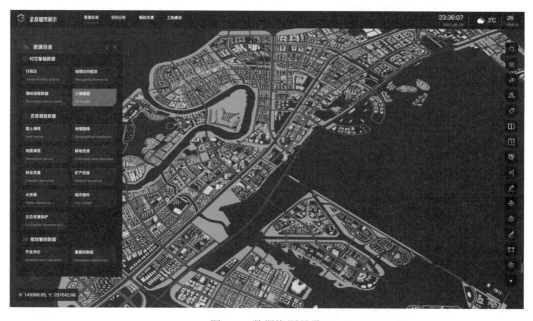

图 6-6　数据资源目录

门业务和应用建设提供数据资源和开发接口（图 6-10 和图 6-11），以支撑智慧城市的 CIM+ 应用。

　　(5)CIM 运维管理中心（图 6-12）：面向平台系统管理人员提供的管理界面。提供

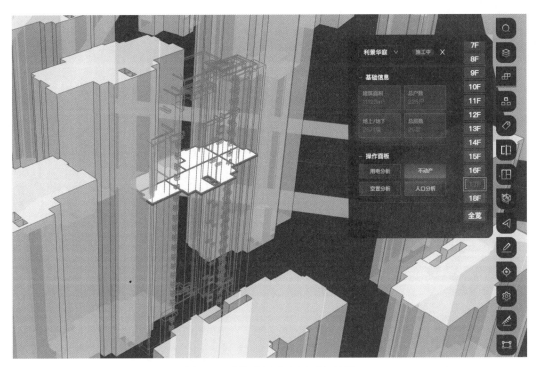

图 6-7　建筑分层分户展示与统计

图 6-8　城市天际线分析

组织机构管理、角色管理、用户管理、统一认证、资源管理、资源监控、日志管理等功能。

（6）CIM 平台标准规范：通过制定数据标准规范、服务标准规范及运行维护标准规范，指导 CIM 基础平台的建设和管理。

图 6-9 城市积水仿真

图 6-10 资源中心

3) CIM+ 应用建设

（1）智慧规划系统（图 6-13）：依托于 CIM 底板数据中心，获取多元数据资源以支撑对城市的监测评估，实现规划指标监测；建立城市规划分析模型，辅助城市规划决策；支持通过多视窗联动等可视化方法，进行规划方案比选；通过发布规划方案，鼓励公众参与规划，统计群众建议；建设 BIM 报建系统，采用自主通用的数据格式，结合规划审批业务流程，实现经济技术指标的自动化审查，通过 BIM 模型为业务决策提供精准的数据支撑。

图 6-11 应用开发中心（模板、构建器、API）

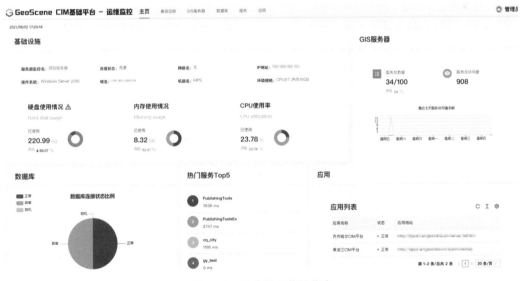

图 6-12 运维管理统计信息

(2) 智慧建设信息系统（图 6-14）：基于 CIM 底板数据中心，对接规划数据库和业务数据，实现对项目建设计划、资金拨付、造价咨询全过程的业务管理。

(3) 智能土地储备管理系统（图 6-15）：依托于 CIM 基础平台，结合土地储备管理业务，实现储备土地的空间可视化、土地状态的监管以及土地信息的查询与统计功能。

(4) 综合地下管线管理系统（图 6-16）：结合管线业务，利用三维技术搭建地下管线信息动态管理决策支持平台，建立地下管线信息数据库，实现地下管线信息的集中统一管理，为城市规划、建设、管理和政府宏观决策提供高效优质服务。

(5) 智慧房屋管理系统（图 6-17）：整合房屋基础信息和小区大门出入信息，建立房屋安全监测系统；并以此为数据基础，叠加与房屋相关的土地、销售和租赁价格数据，

图 6-13　智慧规划系统

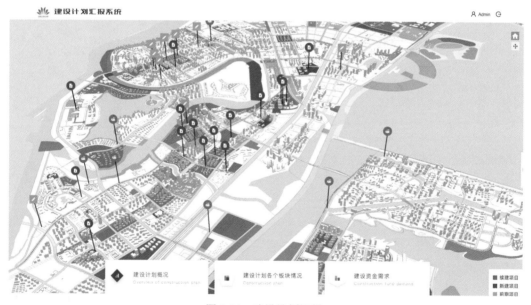

图 6-14　建设计划汇报

建立房地产预警预控指标体系，自动进行宏观比对与预警，构建房地产预警预控系统；建立配套项目管理系统，对配套项目计划、配套费收缴、配套项目过程监管和配套项目验收等进行综合管理，实现生态城配套项目的统一管控。

（6）绿色建筑（图6-18）：以绿色生态城区模型为基础，展示绿色生态城区指标体系、总体规划、建设应用情况，同时突出展示绿色建筑场景，包括绿色建筑基本信息展示和能源数据展示。

（7）智慧工地（图6-19）：利用物联网、云计算、移动通信、GIS等技术，通过对

图 6-15　土地使用状态

图 6-16　地下管线展示

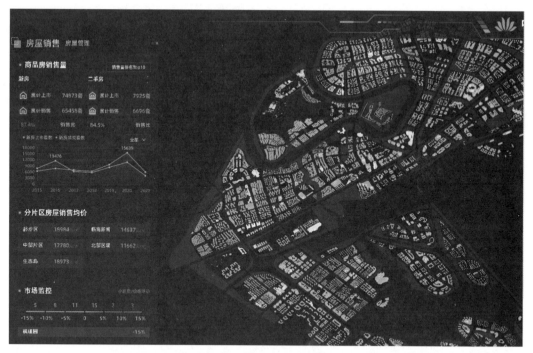

图 6-17　智慧房屋综合展示

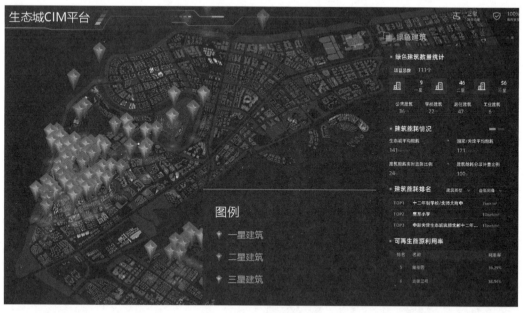

图 6-18　绿色建筑综合展示

施工过程"人、机、料、法、环"各关键要素全面感知、互通互联、智能协同，实现对视频、塔吊、施工电梯、扬尘监测等施工设备生命周期全过程追踪记录，进一步支持设备的数据监测、报警统计分析和离线分析。

图 6-19　建筑工地综合展示

（8）AR 智慧三维管线：通过移动端手持设备，智能感知管线设施运行状态和环境状态，实时呈现管网设备连接关系，通过 AR 技术，助力智能巡检（图 6-20）。

图 6-20　地下管线信息查询

（9）智慧海绵城市：通过 GIS、BIM 与物联网技术相结合，依据海绵城市管控目标，实现各类规划与考核指标的统一管理，支持展现项目建设情况和实施效果，在线监视水雨情、水量、水质、污染物浓度、管网流量等实时情况，打造一体化海绵城市场景模拟系统（图 6-21）。

图 6-21　海绵城市综合展示

6.1.3　关键技术与创新

1. 支持 OGC I3S 三维 GIS 标准

（1）平台采用 OGC 的 I3S 三维 GIS 标准（图 6-22），此标准已经获得国内外三维数据生产厂商的广泛支持，如 Bentley Context Capture、Skyline、Safe Software 的 FME、大疆、飞渡等。

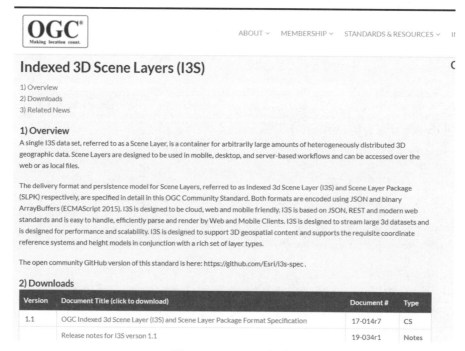

图 6-22　OGC I3S 标准

（2）Web 端和移动端均支持大场景下的海量三维数据展示和分析，数据量可达 TB 级。同时，移动端还支持使用移动场景包的离线应用。

2. 原生高效数据调度方案

（1）采用原生 GeoScene 三维引擎，不依赖第三方地理组件库，稳定性有保证。

（2）采用完善的 Replace 机制保证大场景加载调度不会发生内存泄漏。

（3）采用 Nodepage 机制可按需请求节点，保证首次加载速度。

（4）提供开放的 API 和开发套件，满足系统功能的定制开发需求。采用开源的数据标准与服务标准，功能开发可完全自定义实现。TB 级海量数据渲染展示如图 6-23 所示。

图 6-23　TB 级海量数据渲染展示

3. 多种 BIM 格式无缝对接

（1）原生支持 Autodesk Revit（图 6-24），可以直接读取 .rvt 格式文件。

（2）支持 Bentley Microstation、Dassault CATIA、Tekla、PDMS 等其他格式。

4. 三维场景视频融合显示

（1）支持视频叠加到三维场景中进行融合显示（图 6-25），从而进一步做统计分析。

（2）支持单路或多路视频数据的同时加载与融合显示。

（3）支持多种视频格式。

5. AR/VR 场景支持

（1）AR：支持将 3D GIS 场景叠加到真实环境中。

（2）VR：支持在虚拟现实设备中启用 3D GIS 立体视图（图 6-26）。

图 6-24　Revit 格式直接加载与可视化

图 6-25　视频融合展示

图 6-26　AR 与 VR 展示

6. 空间大数据高效检索统计

(1) 结合大数据引擎，提供高性能、可配置、可扩展的全文检索能力。

(2) 引用 GIS 成熟库 GeoTools 等。

7. 集成统一身份认证 (单点登录)

(1) 实现与 OA 用户对接，集成统一身份认证，实现单点登录。

(2) 支持 LDAP、SAML、OAuth2 等协议。

8. 资源共享工作协同机制

(1) 实现组织内跨部门高效协同工作、协同共享。

(2) 支撑单位内外不同的业务应用需求。

6.1.4　结论

CIM 平台建设涉及从城市规划、城市建设到城市管理的全生命周期；提供城市从过去、现在到未来的全时域展现；通过打造 CIM 城市三维底板，为智慧城市提供开放共享的全空间基础支撑。

6.2　水环境智慧管控平台

6.2.1　概述

为全面贯彻党中央、国务院关于打好污染防治攻坚战的重大决策部署，对城市建成区内的黑臭水体建立全方位的水环境监测体系，同时整合现有水体监测资源，推进城市水环境监测一体化，促进黑臭水体治理的长效科学管理，确保地级以上城市建成区黑臭水体均控制在 10% 以内；到 2030 年，全国城市建成区黑臭水体总体得到消除。

基于 GeoScene 平台提供的技术基础，北京北控悦慧环境科技有限公司与易智瑞公司联合打造了市级水环境智慧管控平台，平台采用在线自动监测与人工监测相结合的方式，打造"源–网–厂–河–湖"全要素监测监控一张网，建设以数据为核心的决策支持平台，构建 7 个子系统和 1 个厂网河湖管理平台，实现跨平台系统的管理应用。通过移动端，强化巡河效果，形成日常信息采集和记录体系，形成建设运维一体化、公众参与常态化的实施模式，推进城市水环境监测一体化，形成长效机制，促进黑臭水体治理的长效科学管理。

6.2.2　解决方案

1.总体架构

系统总体架构如图 6-27 所示。

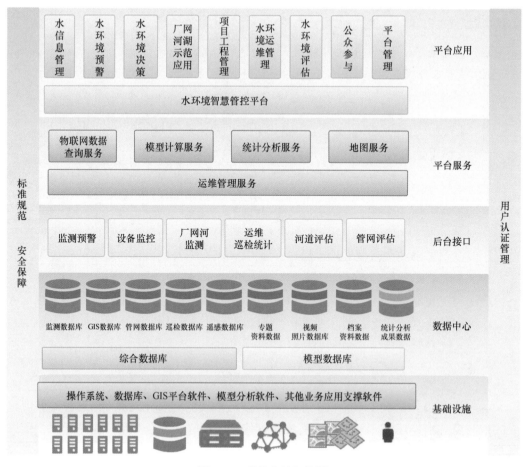

图 6-27　系统总体架构图

基础设施：包括大数据集提供的 7 台服务器，服务器上部署的模型计算软件、GIS 服务器软件、为项目申请的域名、互联网 IP、SSL 证书，以及项目中部署的各类型传感器。以上内容构成了水环境智慧管控平台的底层基座。

数据中心：存储来自各个物联网设备的监测数据，包括水质、水量、降水、视频、排污、工况等信息；存储各类空间基础数据，包括人口、地形、地貌、植被、土地利用等；存储各类专题信息，包括晴雨天污染数据、雨洪风险专题数据、管网专题数据；存储各类运维数据，包括工单、上报事件、人工水质检测抽样数据；存储各类用户角色数据，包括用户、组织机构、角色、权限、日志；等等。

后台接口：提供物联网数据接收的各类数据接口，包括河长牌监测信息、视频报警信息，同时将 ETL 接入的其他各类数据标准化，为平台上层应用提供各类标准数据接口。

平台服务：提供地图服务和数据接口服务，保证前端应用和后台数据库以及后台业务逻辑的一致性。

平台应用：基于平台地图服务和数据接口服务，支撑上层水信息管理、水环境预警、水环境决策、厂网河湖示范应用、项目工程管理、水环境评估、水环境运维管理等各类 PC 端和 App 应用。

2. 功能简介

市级水环境智慧管控平台在监测体系和大数据平台的基础上，采用 B/S 架构设计，构建了 9 个软件业务系统，其中业务系统包括水信息管理子系统、水环境预警子系统、水环境决策子系统、水环境评估子系统、项目工程管理子系统、水环境运维管理子系统、公众参与子系统、厂网河湖示范应用子系统、平台管理子系统（图 6-28）。

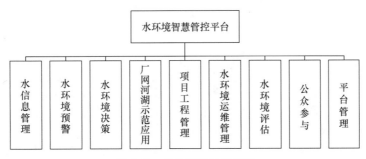

图 6-28　业务系统功能设计

1) 水信息管理子系统

水信息管理子系统实现全部涉水信息数据的接入和展示，主要接入三类数据并展示，包括基础地理信息数据、资产信息数据和专题数据。部分类别数据分为历史数据和实时监控数据，提供对监测历史数据的统计与对比分析。

（1）基础地理信息管理。基础地理信息管理需要管理基础空间类信息（图 6-29），

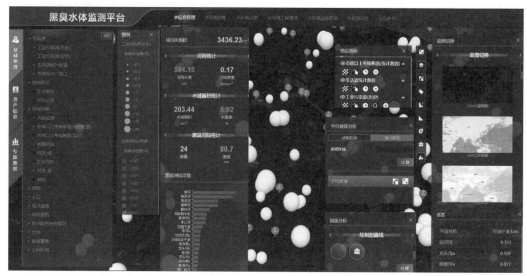

图 6-29　基础地理信息管理

包括排水防涝综合规划、土地利用、植被覆盖、污染源、河湖水系、现状道路、城市建筑、人口等内容。

（2）资产信息。资产信息管理基于 GIS 图层结合三维展示实现水环境设施资产的统一管理，直观展现涉水资产的地理分布，包括水利设施、排水设施、监测设备管理（图 6-30）。

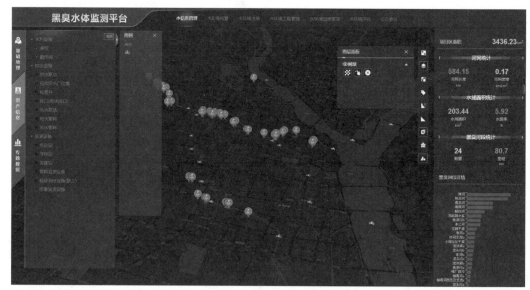

图 6-30　资产信息管理

（3）专题数据。专题数据基于模型算法结合三维 GIS 地图展示污染物排放强度的空间分布（图 6-31），直观展现包括一定周期内晴天污染负荷、雨天污染负荷、年总污染负荷，污染物分布及贡献，排水设施运行情况，雨洪风险等。

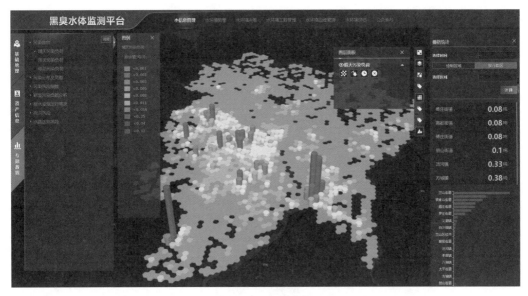

图 6-31　专题数据

2) 水环境预警子系统

水环境预警子系统采用报表、交互界面、地图等方式对分析和数据挖掘模拟预测的成果进行多维展示，通过指标体系和监测预警阈值算法控制，提供自动水质数据报警和展示。

水环境预警功能需求分为：实时监测、数据分析、报警信息、视频分析、水环境预警人工检测五个部分。

(1) 实时监测。实时监测实现对水质监测站、管网监测点、水情信息及污水进水口水情的实时监测（图 6-32）。

(2) 数据分析。数据分析是对所有监测数据的历史统计分析以及比较分析（图 6-33）。

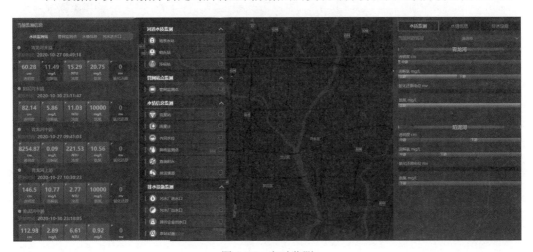

图 6-32　实时监测

图 6-33　数据分析

　　(3) 报警信息。报警信息是对各监测站、监测点所有发生的报警数据的统计分析（图 6-34）。

图 6-34　报警信息

　　(4) 视频分析。视频分析模块，是对水环境预警中所有视频数据的概览展示。视频分析模块功能主要包括接入设备列表、多点位视频比较、视频报警数据查询、设备弹窗查询（图 6-35）。

　　(5) 水环境预警人工检测。水环境预警人工检测模块，是对水环境预警中所有人工检测水质抽样数据的概览展示。水环境预警人工检测模块主要功能包括图层控制器、人工检测数据分析、人工检测数据历史查询（图 6-36）。

3) 水环境决策子系统

　　水环境决策子系统通过自动接入在线站点的实测数据，结合 MIKE 系列降水径流

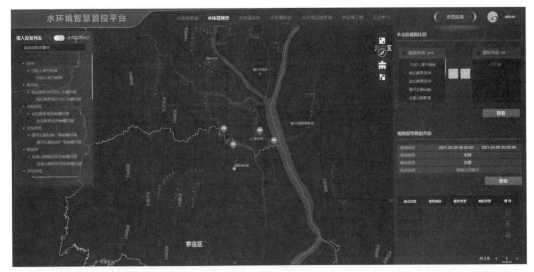

图 6-35　视频分析

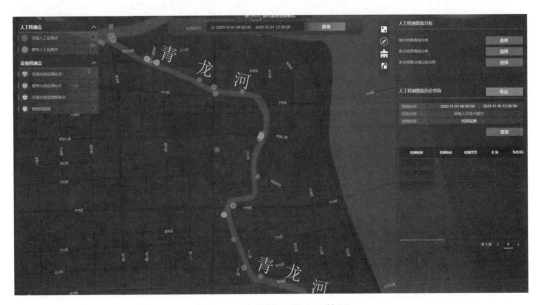

图 6-36　水环境预警人工检测

模型、河网水动力模型，进行长周期的河道水质模拟以及水质分析。当河道水质发生污染时，可进行污染物的溯源分析，辅助判断河道中是否存在排放超标的点源，或者位置污染源，同时可以根据污染诊断结果进行水质优化方案编制；支持突发事故的记录、溯源，协助进行突发事故的应急预案编制，以及同一突发事故不同方案之间的效果对比，协助决策者在不同的应急预案中选择最有效的应急方案。

（1）水环境问题识别模块。水环境问题识别模块包括水质分析模块和污染诊断（图 6-37 和图 6-38）。

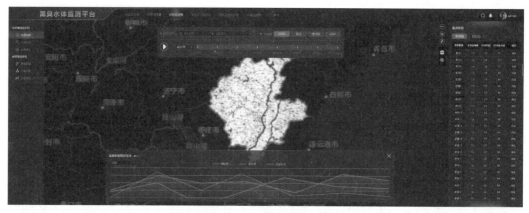

图 6-37　水质分析

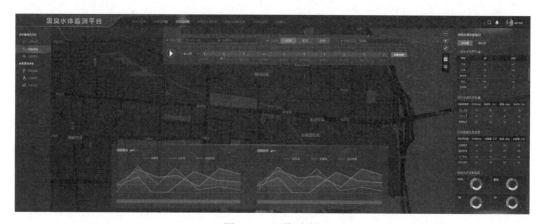

图 6-38　污染诊断

（2）水质优化。水质优化模块，在发生水质恶化问题并寻求改善方案时，可借助MIKE 系列水工结构物调度模型，针对区域内可调度的水工结构物（如闸门、泵站）的调度方式进行自动调整和模拟计算，直到模拟结果达到预设的水质目标。情景管理模块如图 6-39 所示。

（3）突发事故评估。突发事故评估包括事故管理，查看突发事故的事故等级、处理状态、发生时间、河段区域，支持对突发事故进行新增、删除、修改、查询；方案编制，针对发生的突发水污染事故，对各项可采取的应急预案措施，如污染物吸附应对、增加下泄流量等响应方案进行模拟，以评估应急预案在处理水污染事故时的效果；方案对比，通过方案对比模块进行计算得出每个模块最终的结果指标，并通过表格和折线图的形式进行对比展示（图 6-40 ～图 6-42）。

4) 项目工程管理子系统

（1）水环境工程大屏。水环境工程大屏系统（图 6-43）主要突出水环境治理的相关工程信息，包括项目投资情况、项目开工建设情况、工程进展情况、按区县工程费用

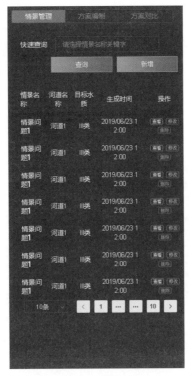

图 6-39　情景管理

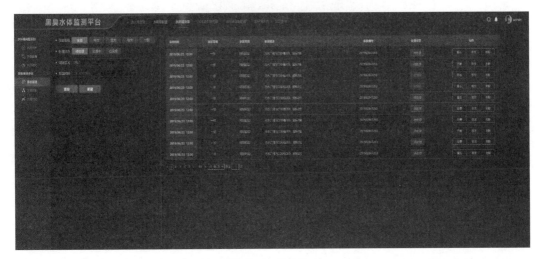

图 6-40　事故管理

及数量统计，从界面布局合理、内容突出、数据保鲜实时动态响应等角度进行展示，方便工作人员快速查看目前工程项目建设投资情况。

（2）工程项目管理 App。水环境工程子系统的建设，主要实现水环境治理工程的信息管理，包括提供水环境治理工程信息总览展示、水环境治理工程计划管理、水环

图 6-41　方案编制

图 6-42　方案对比

境治理工程安全管理、水环境治理工程进度管理、水环境治理工程质量管理、水环境治理工程验收管理等模块。项目立项管理模块如图 6-44 所示，资金支付审批界面如图 6-45 所示。

5) 水环境运维管理子系统

（1）水环境运维大屏展示。水环境运维大屏展示系统主要突出展示河道报警和管网报警、上报事件、跟踪事件、事件汇总、今日工单、工单统计等信息（图 6-46），从

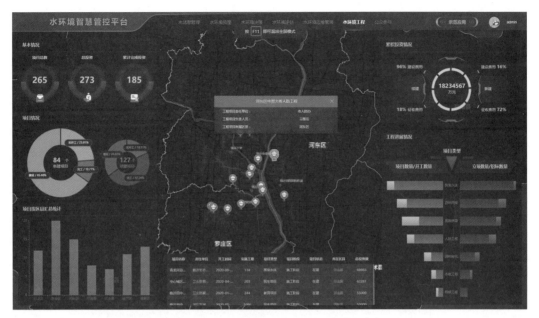

图 6-43　水环境工程大屏系统

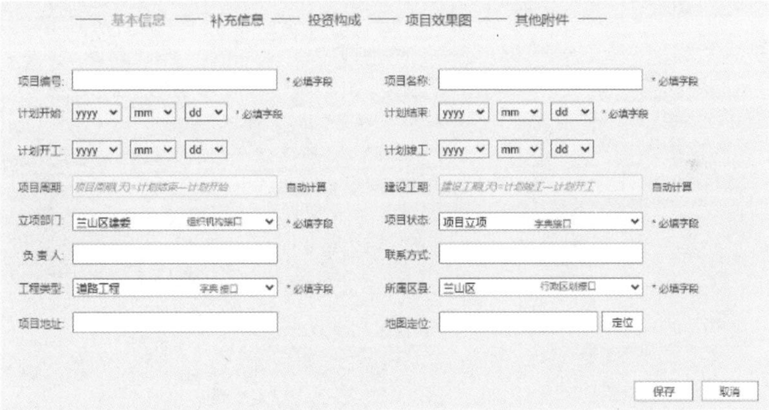

图 6-44　项目立项管理

界面布局合理、内容突出、数据保鲜实时动态响应等角度进行展示，方便工作人员快速查看目前设备运行情况和巡检工作状态情况。

（2）水环境运维 App。水环境运维系统 App 为移动端应用程序，接入河道运维数据并进行地图展示。接入数据包括河道水质数据、管网水质数据、河道报警数据、管网报警数据、巡查工单数据、人工检测数据、统计数据等。

App 分为河道巡查版、设施巡查版、人工检测水质抽样版、领导版。河道巡查版和设施巡查版包括巡查工单查看、河道水质实时数据（图 6-47）查看、巡查情况上报、工单日志查看功能，为外业巡查人员提供快捷简单的巡查任务进行和情况上报工具。外业巡查人员接到巡查任务后，根据关键位置要求和沿河段巡查要求，现场巡查，并

图 6-45　资金支付审批界面

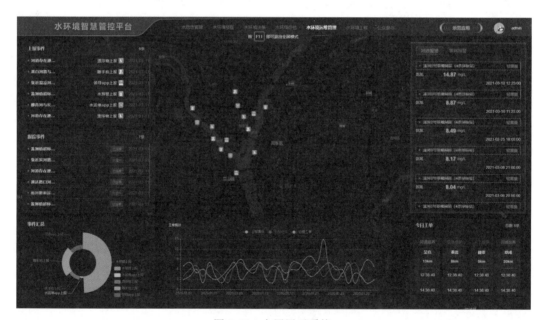

图 6-46　大屏展示系统

反馈实际情况。领导版包括事件上报、水质实时数据查看、报警数据查看、消息接收、统计数据汇总等。人工检测水质抽样版包括水质实时数据查看、消息接收、人工检测数据提交等（图 6-48）。

6) 水环境评估子系统

水环境评估子系统要实现：①基于监测数据、巡检数据、公众上报信息的黑臭河段治理评价，对 24 条黑臭河段进行排名计算；②基于管网物探数据和监测数据的管网

图 6-47　河道水质监测实时信息

图 6-48　河道水质监测数据

数据评价和分析。

（1）河道评估。河道评估主要是基于各类数据完成 24 条黑臭河段的统计（图 6-49）。

（2）管网评估。管网评估主要针对管网设备设施数量、管线所属污水片区、管段管径、管段材质等信息，实现管网监测、物探检测、管网溯源、逆坡分析、套接分析及淤积破损分析等，实现对管网进行全面评估（图 6-50）。

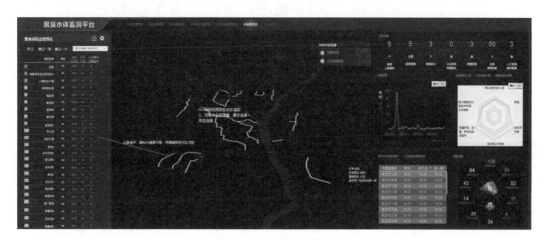

图 6-49　河道评估设计

图 6-50　管网评估

（3）海绵城市。海绵城市应用接入主要是通过现有海绵城市应用接口，接入水环境评估中进行展示。

7) 公众参与子系统

公众参与子系统包括三部分，分别为微信小程序、大屏展示系统以及后台管理。

8) 厂网河湖示范应用子系统

在示范区通过数据的实时采集和分析模拟（图 6-51），构建协同调度功能的厂网河湖联合调度平台，实现优化调度决策、引水调度、厂网调度、厂厂调度以及河湖调度

图 6-51　管网监测点实时监测

等功能，从而提升示范区的水环境调度控制能力和水平，提升应对不同水质水量变化的能力。

9) 平台管理子系统

平台管理子系统用于管理平台中涉及的用户、组织、角色、模型、巡检调度、巡检计划、公众信息上报等内容。平台管理子系统统一对 8 个模块进行运维，对用户统一管理、组织机构统一管理，统一授权、统一运维。上报管理模块和参建单位管理模块分别如图 6-52 和图 6-53 所示。

图 6-52　上报管理模块

图 6-53　参建单位管理模块

6.2.3 关键技术与创新

1. 大数据平台建设

大数据平台以数据为纽带连通各个智慧应用体系，核心任务是实现数据标准化，提升数据质量，规范系统之间的数据交换和共享机制，通过对各类数据源集中管理、整合加工后使其形成完整的数据资产，并作为管理决策和分析应用的统一数据来源。

2. 综合数据库建设

建立完善的大数据体系，实现对水环境基础数据、监测数据、工程数据、运维数据等的统一存储与管理。主要是将整个黑臭水体管理业务中的所有数据梳理入库，形成元数据库、基础信息数据库、业务专用数据库、实时数据库、模型库、空间库、历史数据库、多媒体数据库等，实现对数据的集中综合管理。在此基础上通过抽取、清洗、转换、整理、加载等处理构建数据仓库，按不同分析主题提供相应的数据服务。

3. 数据共享交换

将提供标准数据接口，实现与市地表水自动监控管理平台、市环境监测监控系统、市智慧排水防涝平台、市城市污水处理厂进水监测平台、建筑工地监测平台（待建）等平台的对接，与市气象、环保、交通等相关部门系统平台实现水体监测数据、工程管理数据、自控数据、降水数据、大气数据、断面水质数据、管网数据等各类数据的交互共享。

6.2.4 结论

市级水环境智慧管控平台，涵盖了大数据平台、综合数据库建设、数据共享交换以及软件管理系统，实现了不同数据的标准化、规范化，提供数据的集中综合管理，实现了各类数据的交互共享以及监管–运维–公众相互反馈评估，不断提升政府决策及公众参与能力。

6.3 复式航道智能调度系统

6.3.1 概述

随着沿海新区开放及国际航运中心建设，港口船舶流量快速增长，航道通航能力日趋饱和，成为其进一步发展的瓶颈。为此，全国部分港口提出建设复式航道的设想。

复式航道即在航道同一截面，同时存在两个或以上的不同设计水深的航槽或航道。复式航道的一种类型是在主航道南北两侧分别建一条专供万吨级船舶单向航行的航道。受港区水域自然条件所限，部分港区复式航道的大、小船航道相邻而设，3 条航道间隔距离较小。复式航道建成后，将实现大、小船舶分道通航，互不干扰，减少船舶压港，大幅度提高港区航道的通航效率，将产生巨大的经济及社会效益。

然而，港区复式航道建成之后，大小船舶将以万吨为界分流行驶，交通繁忙时将有 4 股交通流同时在航道上，船舶进出港过程中可能会出现多处会遇点和交叉避让高风险水域，这对于水上交管中心而言，通航安全监管难度进一步加大。

作为复式航道的安全监管方和使用方，水上交管中心联合港口集团，依据复式航道通航安全管理规定细则，通过港口集团生产计划模拟生成交通流，实时验证所编排计划的通航安全性，以便在保证船舶航行安全的前提下，提高船舶进出港的通航效率。

6.3.2　解决方案

1. 总体架构

系统总体架构如图 6-54 所示。

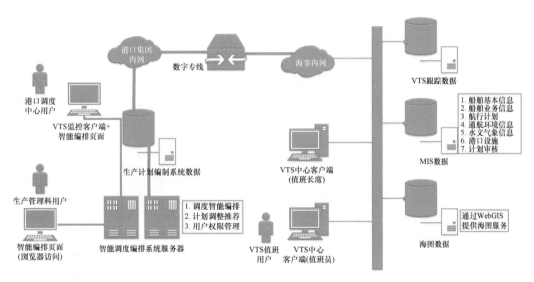

图 6-54　总体架构

本系统的使用对象包括港口公司和水上交管中心。二者均需要对航行计划的合理性和适航性进行演算。

港口计划编排工作主要涉及三种类型的航行计划：进港、出港、移泊。

水上交管的主要职责是对港口发送的航行计划进行审核，同时要兼顾小船动态的审核及执行，并将审核结果分别反馈给各申报单位。

2. 功能简介

根据系统工作流程，开发功能模块包括计划编排、动态管理、航迹管理、统计分析等（图 6-55）。

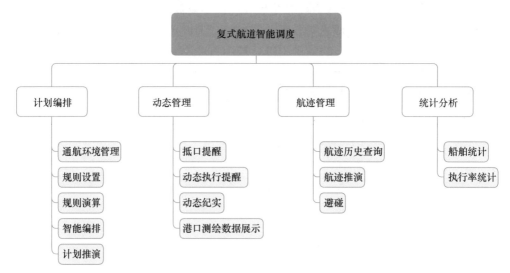

图 6-55　系统功能设计

1) 计划编排

（1）通航环境管理。系统提供 GIS 界面显示港口的各类通航环境（图 6-56），包括水深、潮汐、航道、锚地、泊位、桩位等，并提供属性信息的查看和维护功能。属性信息包括位置、水深、等级、规则限制等（图 6-57 和图 6-58）。

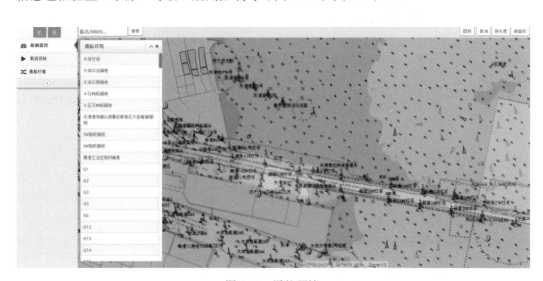

图 6-56　通航环境

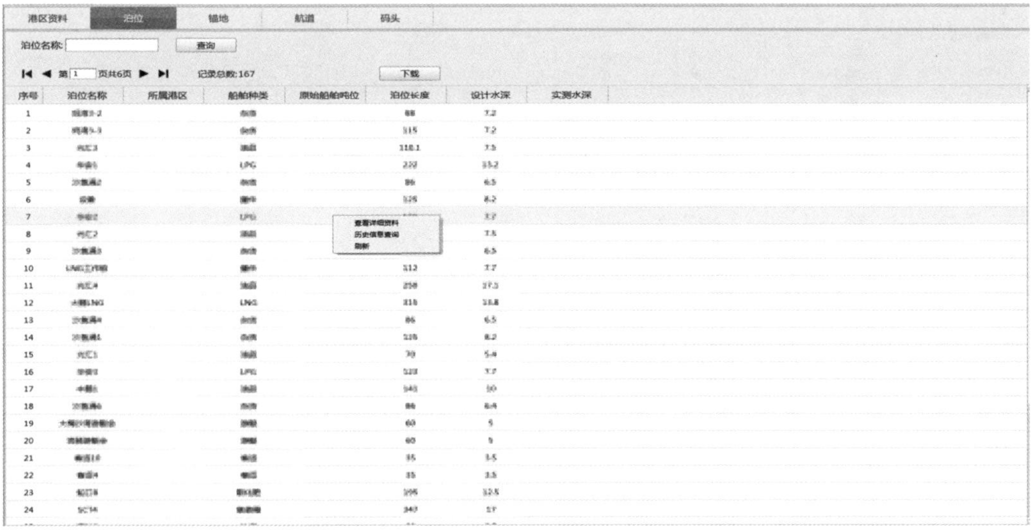

图 6-57 属性信息

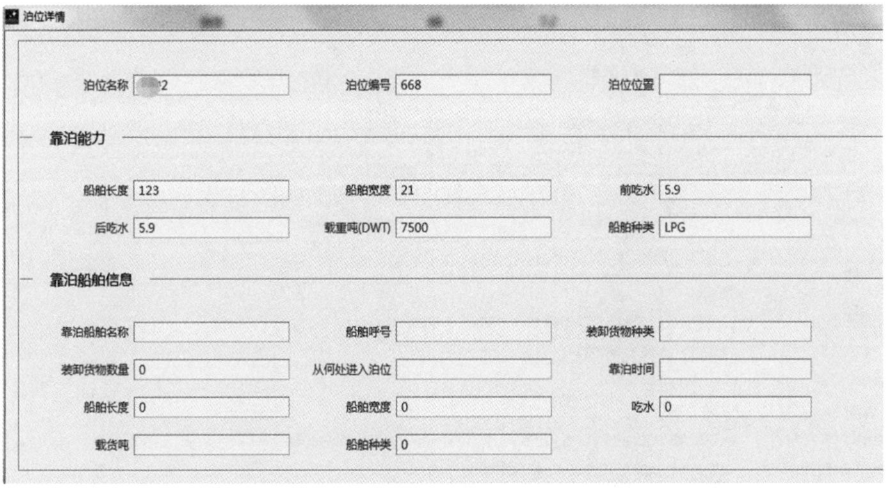

图 6-58 属性详情

（2）规则设置。复式航道通航规则在未来可能发生变化，因此本模块可启用或禁用部分规则，或人工对一些规则进行设置。同时，也可通过本模块设置船舶的优先级，便于系统根据优先级自动调整航行计划。

系统支持对小型船舶、富余水深、载运危险货物判断、船舶优先级进行规则设置（图 6-59），系统自动判断算法支持加入以上全部或部分规则。航道单行规则设置如图 6-60 所示。

规则设置包括以下一些内容：

水深限制：通航船舶申报计划是否符合航行水深要求。

超等级靠泊：通航船舶申报靠泊码头是否符合作业要求（图 6-61）。

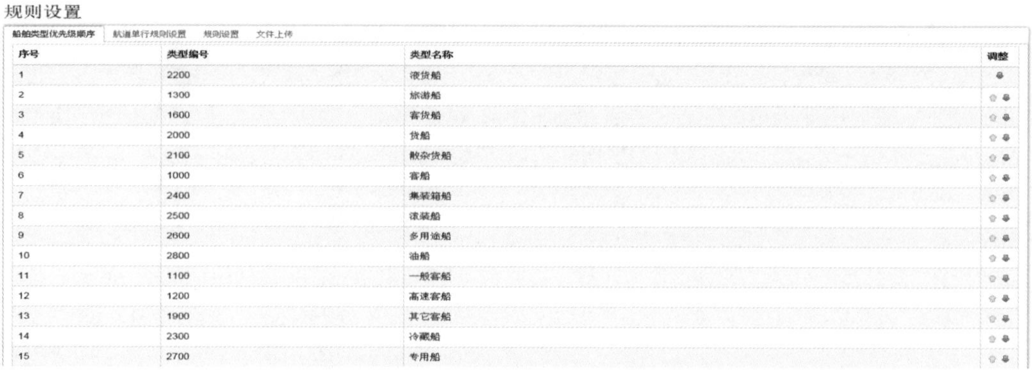

规则设置

图 6-59　船舶优先级规则设置

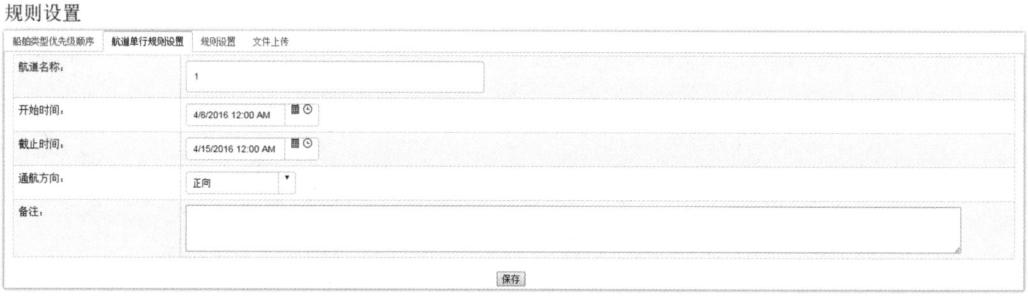

规则设置

图 6-60　航道单行规则

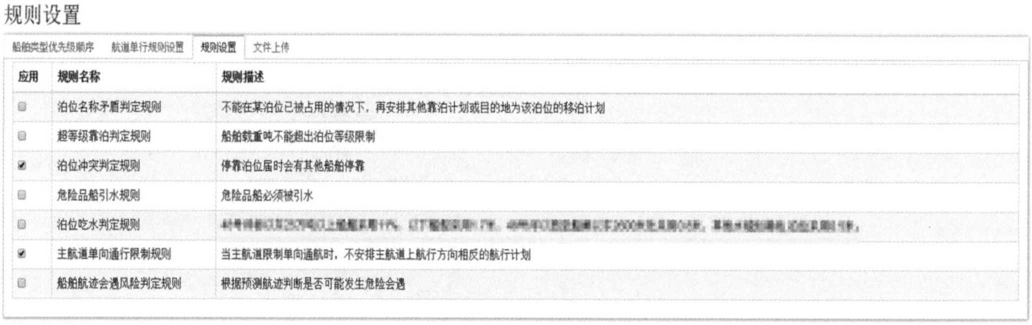

规则设置

图 6-61　规则设置

船舶货类登记：通航船舶是否完成船舶货类登记。

泊位冲突：通航船舶申报计划中是否存在泊位作业时间不足。

泊位长度限制：通航船舶申报靠岸泊位长度是否符合安全要求。

主航道单向通行限制：通航船舶预计航行时间是否受到航道影响。

引航员资源限制：通航船舶预计抵达港区时是否有相应引航员可以作业。

拖轮资源限制等：通航船舶预计抵达港区时是否有足够的拖轮可以作业。

（3）规则演算。规则演算功能将参照港口和水上交管中心的标准对输入的航行计划进行逐项信息比对审核，并根据航行计划中对航道、泊位、引航员、拖轮等资源的占用情况，高亮显示当前航行计划中不满足通航要求的船舶，在列表中显示计划重新调整的具体信息（图 6-62），特殊情况下作业人员可手动标记信息。

计划编排

☐ 排序设置　☐ 重新计算　☐ 编排推送

	序号	船舶编号	中文船名	英文船名	船舶类型	船舶动向	起始位置	抵达位置	计划时间	标记情况	审核情况	编排情况
查看详情 小船标记	1				货船	进左靠	沾口	S11东	2016/04/10 17:00:00		验证通过	
查看详情 小船标记	2				货船	进左靠	沾口	S4	2016/04/10 17:00:00		验证通过	2016/04/10 17:00:00
查看详情 小船标记	3				货船	开	S10西	高港	2016/04/10 17:00:00		验证通过	
查看详情 小船标记	4				散杂货船	开	G19	高港	2016/04/10 17:00:00		验证通过	2016/04/10 17:00:00
查看详情 小船标记	5				油船	进左靠	沾口	S3	2016/04/10 17:00:00		验证通过	2016/04/10 17:16:15
查看详情 小船标记	6				液货船	进	沾口	北方港航	2016/04/10 17:00:00	[泊位标识未知无法进行判定，因为：找不到名为北方港航的泊位]	验证通过	
查看详情 小船标记	7				集装箱船	进左靠	沾口	G21东	2016/04/10 17:30:00		验证通过	
查看详情 小船标记	8				散杂货船	进右靠	沾口	S13	2016/04/10 17:30:00		验证通过	2016/04/10 17:30:00
查看详情 小船标记	9				散杂货船	进左靠	沾口	S10	2016/04/10 18:00:00		验证通过	2016/04/10 18:02:25
查看详情 小船标记	10				货船	开	G20	高港	2016/04/10 18:00:00		验证通过	2016/04/10 18:00:00

图 6-62　计划编排

（4）智能编排。在航行计划演算不成功或因外界条件不能被执行的情况下，本模块可快速提供一套可行方案。通过计算机智能编排，快速给出能够满足当前要求且资源匹配合理的航行计划（图 6-63）。

计划编排

☐ 排序设置　☐ 验证计算

	序号	船舶编号	中文船名	英文船名	船舶类型	船舶动向	起始位置	抵达位置	计划时间	标记情况	审核情况
查看详情 小船标记	1				散杂货船	进	沾口	G3	2016/07/05 00:00:00	[泊位标识[危险货物标记]，条件不满足。][船舶吃水数据，有船舶吃水数据。][小型船舶判定，吨位大于10000]占用小船航道标记，条件不满足，将占用主航道。]	验证通过
查看详情 小船标记	2				货船	进	沾口	北方港航	2016/07/05 13:30:00	[泊位标识：无法进行判定，因为：找不到名为北方港航的泊位][危险货物标记，条件不满足。][船舶吃水数据，有船舶吃水数据。][小型船舶判定，满足小船定义，占用小船航道标记，将占用小船航道。]	验证通过
查看详情 小船标记	3				液货船	开	四号码头	高港	2016/07/05 17:00:00	[泊位标识，无法进行判定，因为：找不到名为四号码头的泊位][危险货物标记，条件不满足。][船舶吃水数据，有船舶吃水数据。][小型船舶判定，满足小船定义，占用小船航道标记，将占用小船航道。]	验证通过
查看详情 小船标记	4				集装箱船	进右靠	沾口	D2南	2016/07/05 17:00:00	[泊位标识[危险货物标记]，条件不满足。][船舶吃水数据，有船舶吃水数据。][小型船舶判定，满足小船定义，且占用小船航道标记，将占用小船航道。]	验证通过
查看详情 小船标记	5				集装箱船	进左靠	沾口	N9	2016/07/05 17:00:00	[泊位标识[危险货物标记]，条件不满足。][船舶吃水数据，有船舶吃水数据。][小型船舶判定，满足小船定义，且占用小船航道标记，条件不满足，将占用小船航道。]	验证未通过，原因：1、"泊位名称矛盾判定规则，条件不满足，与[东成I,2016-07-04 21:30:00 起始地点 沾口 终止地点 N9]冲突;"2、"泊位冲突规则，条件不满足，与[东成I,2016/7/4 22:10:00 天盛河头缆位置 N403038,头缆距离 35米，尾缆位置 N0402025"]
查看详情 小船标记	6				散杂货船	进右靠	沾口	G16	2016/07/05 17:00:00	[泊位标识[危险货物标记]，条件不满足。][船舶吃水数据，有船舶吃水数据。][小型船舶判定，满足小船定义，占用小船航道标记，将占用小船航道。]	验证通过
查看详情 小船标记	7				货船	进右靠	沾口	G17	2016/07/05 17:30:00	[泊位标识[危险货物标记]，条件不满足。][船舶吃水数据，有船舶吃水数据。][小型船舶判定，满足小船定义，且占用小船航道标记]	验证通过

图 6-63　智能编排

（5）计划推演。计划推演功能主要是对完成编排的航行计划进行数据模拟，本模块提供了图形化展示功能（图 6-64）。

如果作业人员制定了多个航行方案，本模块可以在同一屏幕中对比展示不同编排计划的效果，以便决策者选择最优方案（图 6-65）。

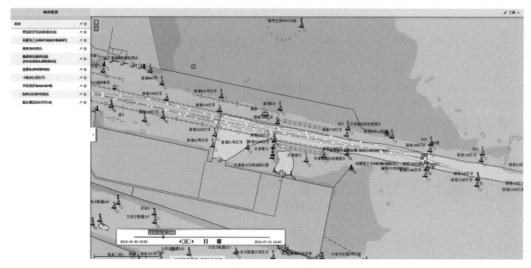

图 6-64　计划推演

图 6-65　方案对比

2) 动态管理

（1）抵口提醒。作业人员可以制定重点关注船舶，对相应的船舶设置进港时间，本模块将实时监测船舶位置动态。如果船舶在规定时间内进入港区范围，可以保证在规定时间内进行作业，则系统发出提醒（图 6-66），供作业人员参考。

（2）动态执行提醒。本模块结合船舶实时位置关注动态执行情况，通过大数据预判，如果船舶无法在规定时间内抵达港区，则系统对该事件发出提醒（图 6-67），作业人员可以选择调整港区作业计划。

本模块可以对重点船舶设置靠离泊提醒（图 6-68），一旦船舶进入泊位区或者离开泊位区，系统将自动弹出提示告知作业人员。

（3）动态纪实。本模块可对进出本港区的船舶进行全程记录，记录事件包括进入港区、进入锚地、进入引航员登船点、进入航道、进入泊位、离开泊位、离开航道等信息，详细记录每条船动态执行点的时间和状态，并且可以按照船名查询进出港记录（图 6-69）。

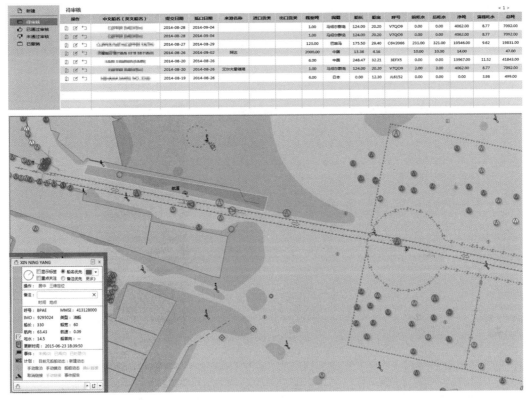

图 6-66　抵口提醒

图 6-67　动态执行提醒

　　基于动态纪实的成果数据，系统可以完成船舶停时统计、动态执行率统计、航道适应性分析等。

　　(4) 港口测绘数据展示。系统可以将港口的测绘数据与 GIS 系统融合显示，应用堆场静态信息，对堆场周边物标进行标绘，也可利用堆场动态信息，对堆场的作业、物流等信息进行实时展示（图 6-70）。

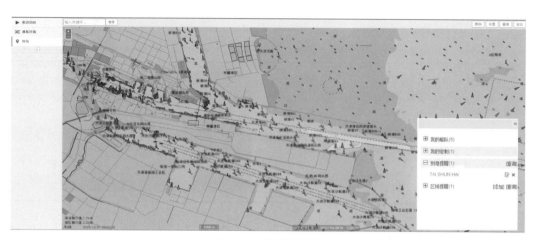

图 6-68　靠离泊提醒

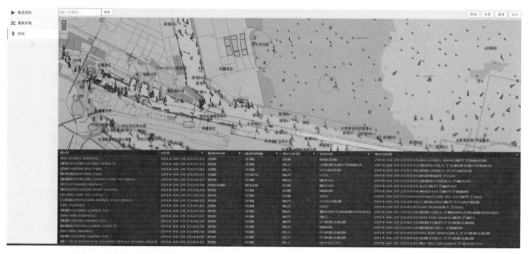

图 6-69　动态纪实

图 6-70　港口测绘数据展示

3) 航迹管理

（1）航迹历史查询。系统支持自定义设置船舶名称及时间，查询选定船舶的历史航迹，通过时间轴的方式进行播放，作业人员可以对时间条进行拖动或者快进播放，在遇到事故调查的情况下可以回放，进行暂停及逐帧播放操作（图 6-71）。

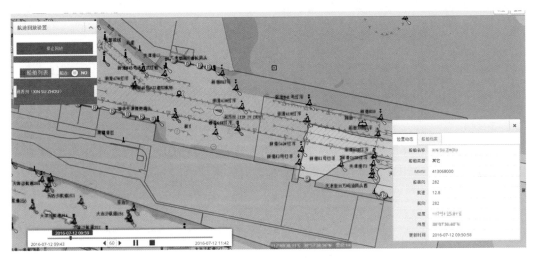

图 6-71　航迹历史轨迹查询

（2）航迹推演。本模块可以针对重点关注的船舶进行航迹推演，判断该船舶航行路线是否与其他船舶动态存在会遇风险。

作业人员可以根据航行计划设置一个时间段，本模块将推演此时间段内所有船舶的动态航迹，并提示此次推演过程中可能存在的会遇风险信息（图 6-72）。

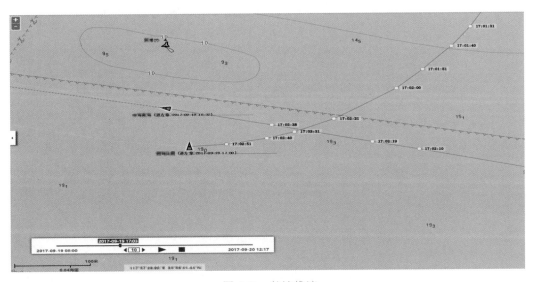

图 6-72　航迹推演

（3）避碰。通过大数据分析功能对港区周边范围内船舶动态进行分析，预测可能存在碰撞的船舶并进行提示，点击“避碰提醒”进入详细信息列表。避碰组船舶在列表使用同一背景颜色区分显示（图 6-73）。

避碰提醒

暂停提示

序号	MMSI	船名	呼号	经度	纬度	初次登记号	船检登记号	最后更新时间	相隔距离(米)	船舶种类
1	310268000	[illegible]	金沙12号	[illegible]	[illegible]	341503050099	2003Y4100204	2014-12-03 16:06:00	0.77	散货船
2	273816020	[illegible]		[illegible]	[illegible]	300309000926	2009W3101688	2014-12-03 16:06:00	0.77	干货船
3	257581000	[illegible]		[illegible]	[illegible]	300309000709	2009L2193500	2014-12-03 16:06:00	1.12	
4	236295000	[illegible]		[illegible]	[illegible]	300305001146	2004U2102544	2014-12-03 16:06:00	1.12	

图 6-73 避碰分析

4) 统计分析

统计分析功能可为港口统计各类与计划执行效率及计划安排合理性相关的数据，并为系统未来的优化以及港口计划编排策略的优化提供数据支持。船舶统计模块如图 6-74 所示。

船舶统计

船舶种类：☑ 全选 ☑ 普通客船 ☑ 客渡船 ☑ 干货船 ☑ 散货船 ☑ 散装水泥运输船 ☑ 多用途船 ☑ 驳船 ☑ 航标船 ☑ 拖船 ☑ 交通艇 ☑ 趸船 ☑ 游艇

船舶类型：☐ 全选 ☐ 长江涉外旅游客船 ☐ 内河涉外旅游客船 ☐ 车客渡船

海事局：哈尔滨海事局 海事处：--请选择-- 统计

船舶统计表

船舶种类	哈尔滨海事局	太平海事处	呼兰海事处	大顶子海事处	巴彦海事处	宾县海事处	木兰海事处	通河海事处	高楞海事处	沙河子海事处	依兰海事处	大顶子海事枢纽办	合计
普通客船		1											1
客渡船	1												1
干货船	5			4		4	2		1				16
散货船	2											1	3
散装水泥运输船	1	1								1	1		4
多用途船													
驳船													
航标船			1										1
拖船													
交通艇													
趸船		1											1
游艇											1		1
合计	9	3	1	4		4	2		1	1	2	1	28

图 6-74 船舶统计

执行率统计模块可统计航行计划执行率，并通过航迹回放功能查看（图 6-75）；不能按期执行的原因，如天气、交管、船方自身原因等；航行计划执行准确率，即船舶计划时间与实际执行时间的时间差。

6.3.3 关键技术与创新

1. 多源数据的分析与融合

水上交通地理信息数据的融合遵循通用性、专业性及可扩充性原则，以便于专业

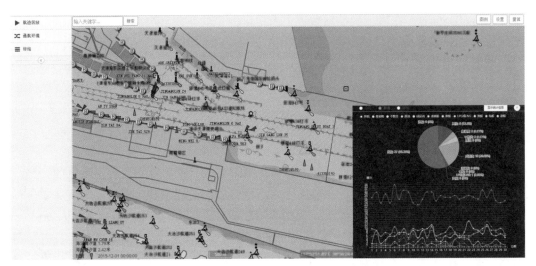

图 6-75　航行计划统计

信息的快速定位及应用平台建设。对水上交通基础设施地理数据、通航要素地理属性数据、基础地理海图数据等数据按不同类型、不同年份、不同规格整理入库，以实现不同种类地理信息数据的分布式管理，以及水上行业多源异构数据汇聚、融合和存储。

2. 基于大数据的船舶进出港航线分析

基于历史 AIS 航迹数据和动态计划数据，可以分析不同类型、不同吨位船舶进出港的经验航线、航速，对于常来港区的船舶，甚至可以直接获取该船舶的历史航迹用于分析预测。它可以实现（包括不限于）：

船舶会遇。通过对船舶航迹分析，可以更精准地判断进出港船舶的会遇地点。

富余水深。基于船舶航线审核其所经过的每一段区域水域，结合不同时间的潮汐更加精准地判断富余水深。

单向行驶。基于航迹分析准确判断单向行驶船舶所占用的航道时间，提高航道利用率。

随着海量航迹数据的积累，船舶航迹预测的准确度会越来越高。例如，目前数据库中只有 A 船两次进出港区的数据样本，那么无法推断其进出规律。而当系统收集到 20 次进出数据样本时，可以比较准确地判断其在不同时段、不同气候等条件下的进出规律，驾驶员的驾驶习惯等。样本越多，判断结果越准确。

3. 图幅数据的坐标系转换

我们经常需要将不同坐标系统的数据转换到统一坐标系下，方便对数据进行处理与分析，系统提供了基于不同坐标系之间的转换工具，接口中已经定义了坐标转换参数，可直接调用坐标系转换工具，选择转换参数即可，在接口中输入以下参数：

InputDataset，要投影的要素类、要素图层或要素数据集；

OutputDataset，在输出坐标系参数中指定坐标系的新要素数据集或要素类；
Out_coor_system，已知要素类将转换到新坐标系。

6.3.4 结论

复式航道智能调度系统的建设既是为了保障港区航道高危区水域的安全航行，也是为实现港口经济效益提升提供有力工具。

对于前者而言，其是公益性事业，效益主要体现为社会效益。通过本项目的实施，可以从源头加强船舶交通安全的风险防范，维持良好的交通秩序，增进船舶交通安全，防止船舶交通事故，从而减少人员、船舶和货物损失。

对后者而言，则主要体现在企业运营和管埋成本上的经济效益提升。复式航道智能调度系统，在船舶交通安全风险和港口资源利用效率之间直接搭建了一座桥梁，也为港口与水上交管中心在船舶动态的沟通审核方面搭建了一座桥梁，将有效提升港口与水上交管中心的协作效率。

从长期来看，系统所积累下来的数据可为港口统计各类与计划执行效率及计划安排合理性，甚至对于船舶停时、港口泊位的占用率等港口运营的重要指标提供分析基础，并为系统未来的优化以及港口计划编排策略的优化提供数据支持。

参 考 文 献

[1] Klinkenberg B. The true cost of spatial data in Canada. Canadian Geographer/Le Géographe Canadien, 2003, 47（1）: 37-49.

[2] Pinde F. Getting to Know WebGIS. Redlands, CA: Esri Press, 2015.

[3] Gao S. Geospatial Artificial Intelligence（GeoAI）. Oxford Bibliographies, DOI: 10.1093/OBO/9780 199874002-0228. https://www.oxfordbibliographies.com/view/document/obo-9780199874002/obo-9780199874002-0228.xml [2021-03-24].

[4] Olaf Ronneberger, Philipp Fischer. Thomas Brox. U-net: Convolutional networks for biomedical image segmentation. CoRR, 2015, abs/1505.04597.

[5] 戴维·纳蒂加. 精通数据科学算法. 封强, 赵运枫, 范东来, 译. 北京: 人民邮电出版社, 2019.

[6] 朱扬勇, 熊赟. 数据学. 上海: 复旦大学出版社, 2009.

[7] Anselin L.（Forthcoming）. Spatial Data Science//The International Encyclopedia of Geography: People, the Earth, Environment, and Technology.

[8] Anselin L. What is Special About Spatial Data? Alternative Perspectives on Spatial Data Analysis（89-4）. UC Santa Barbara: National Center for Geographic Information and Analysis. 1989. https://escholarship. org/uc/item/3ph5k0d4[2021-12-30].

[9] Peters D. System design strategies. 2019. http: //www.wiki.gis.com/wiki/index.php/System_Design_ Strategies[2021-11-28].

[10] 住房和城乡建设部. 城市信息模型(CIM)基础平台技术导则. 2020. http: //www.gov.cn/zhengce/ zhengceku/2020-09/25/5546996/files/8b001bb0d928490d9bbc36b13329ab29.pdf[2020-09-21].